身心灵魔力书系 —— 特质

# 抗逆力

郭龙江 / 著

## 轻舟已过万重山

年轻就要敢于向一切艰难险阻，向命运抗争

中国出版集团　现代出版社

**图书在版编目（CIP）数据**

抗逆力:轻舟已过万重山／郭龙江著. —北京：现代出版社，2013.11
（2021.3 重印）

ISBN 978－7－5143－1834－0

Ⅰ.①抗… Ⅱ.①郭… Ⅲ.①成功心理－通俗读物
Ⅳ.①B848.4－49

中国版本图书馆 CIP 数据核字（2014）第 038779 号

作　　者　郭龙江
责任编辑　王敬一
出版发行　现代出版社
通讯地址　北京市安定门外安华里 504 号
邮政编码　100011
电　　话　010－64267325 64245264（传真）
网　　址　www.1980xd.com
电子邮箱　xiandai@ cnpitc. com. cn
印　　刷　河北飞鸿印刷有限责任公司
开　　本　700mm×1000mm　1/16
印　　张　11
版　　次　2013 年 11 月第 1 版　2021 年 3 月第 3 次印刷
书　　号　ISBN 978－7－5143－1834－0
定　　价　39.80 元

# P 前　言
## PREFACE

为什么当今时代的青少年拥有幸福的生活却依然感到不幸福、不快乐？怎样才能彻底摆脱日复一日地身心疲惫？怎样才能活得更真实快乐？

美国某大学的科研人员进行过一项有趣的心理学实验，名曰"伤痕实验"：每位志愿者都被安排在没有镜子的小房间里，由好莱坞的专业化妆师在其左脸做出一道血肉模糊、触目惊心的伤痕。志愿者被允许用一面小镜子看看化妆的效果后，镜子就被拿走了。

关键的是最后一步，化妆师表示需要在伤痕表面再涂一层粉末，以防止它被不小心擦掉。实际上，化妆师用纸巾偷偷抹掉了化妆的痕迹。对此毫不知情的志愿者被派往各医院的候诊室，他们的任务就是观察人们对其面部伤痕的反应。规定的时间到了，返回的志愿者竟无一例外地叙述了相同的感受——人们对他们比以往粗鲁无理、不友好，而且总是盯着他们的脸看！可实际上，他们的脸上与往常并无二致，什么也没有；他们之所以得出那样的结论，看来是错误的自我认知影响了判断。

这真是一个发人深省的实验。原来，一个人在内心怎样看待自己，在外界就能感受到怎样的眼光。同时，这个实验也从一个侧面验证了一句西方格言："别人是以你看待自己的方式看待你。"不是吗？一个从容的人，感受到的多是平和的眼光；一个自卑的人，感受到的多是歧视的眼光；一个和善的人，感受到的多是友好的眼光；一个叛逆的人，感受到的多是挑衅的眼光……可以说,有什么样的内心世界,就有什么样的外界眼光。

在喧嚣的环境中,就会觉得宁静是何等的难能可贵。其实"心安处即自由乡",善于调节内心是一种拯救自我的能力。当人们能够对自我有清醒认识,对他人能宽容友善,对生活无限热爱的时候,一个拥有强大的心灵力量的你将会更加自信而乐观地面对现实,面向未来。

本丛书将唤起青少年心底的觉察和智慧,给那些浮躁的心清凉解毒,进而帮助青少年创造身心健康的生活。本丛书从心理问题的普遍性着手,分别描述了性格、情绪、压力、意志、人际交往、异常行为等方面容易出现的一些心理问题,并提出了具体实用的应对策略,以帮助青少年朋友科学调适身心。

# C目 录
ONTENTS

## 第六章　相信阳光一定会再来

## 第七章　别让压力毁了身心健康

## 第八章　知己知彼,深度剖析压力

# 第一章
## 在逆境中不妨微笑

生活的快乐与否，完全决定于个人对人、事、物的看法如何；因为，生活是由思想造成的。如果我们想的都是欢乐的事情，我们就能欢乐；如果我们想的都是悲伤的事情，我们就会悲伤。因此在生活中，我们应该尽量保持一种乐观的心境。然而面对逆境，这样做起来就不容易了，但是我们应该相信，在逆境之中，理性的态度，正视的勇气，是你能够真心微笑的基础。

# 逆境有限,而人的抗逆力无限

人的潜力是惊人的,很多时候,你认为你承受不了的事,往往却能够不费气力地承受下来,人生没有承受不了的事,相信你自己。

你还在为即将到来或正发生在自己身上的不幸而担忧吗? 其实,这些困难并不像你想象的那样可怕。只要你勇敢面对,你就能够承受得了。

帕克在一家汽车公司上班。很不幸,一次机器故障导致他的右眼被击伤,抢救后还是没有能保住,医生摘除了他的右眼球。

帕克原本是一个十分乐观的人,但现在却成了一个沉默寡言的人。他害怕上街,因为总是有那么多人看他的眼睛。

他的休假一次次被延长,妻子艾丽丝负担起了家庭的所有开支,而且她在晚上又兼了一个职。她很在乎这个家,她爱着自己的丈夫,想让全家过得和以前一样。艾丽丝认为丈夫心中的阴影总会消除的,那只是时间问题。但糟糕的是,帕克的另一只眼睛的视力也受到了影响。在一个阳光灿烂的早晨,帕克问妻子谁在院子里踢球时,艾丽丝惊讶地看着丈夫和正在踢球的儿子。在以前,儿子即使到更远的地方,他也能看到。艾丽丝什么也没有说,只是走近丈夫,轻轻地抱住他的头。

帕克说:"亲爱的,我知道以后会发生什么,我已经意识到了。"

艾丽丝的泪就流下来了。

其实,艾丽丝早就知道这种后果,只是她怕丈夫受不了打击而要求医生不要告诉他。

帕克知道自己要失明后,反而镇静多了,连艾丽丝自己也感到奇怪。

艾丽丝知道帕克能见到光明的日子已经不多了,她想为丈夫留下点什么。她每天把自己和儿子打扮得漂漂亮亮,还经常去美容院。在帕克面前,不论她心里多么悲伤,她总是努力微笑。

几个月后,帕克说:"艾丽丝,我发现你新买的套裙那么旧了!"

艾丽丝说:"是吗?"

她奔到一个他看不到的角落,低声哭了。她那件套裙的颜色在太阳底下绚丽夺目。她想,还能为丈夫留下什么呢?

第二天,家里来了一个油漆匠,艾丽丝想把家具和墙壁粉刷一遍,让帕克的心中永远有一个新家。

油漆匠工作很认真,一边干活还一边吹着口哨。干了一个星期,终于把所有的家具和墙壁刷好了,他也知道了帕克的情况。

油漆匠对帕克说:"对不起,我干得很慢。"

帕克说:"你天天那么开心,我也为此感到高兴。"

算工钱的时候,油漆匠少算了 100 元。

艾丽丝和帕克说:"你少算了工钱。"

油漆匠说:"我已经多拿了,一个等待失明的人还那么平静,你告诉了我什么叫勇气。"

但帕克却坚持要多给油漆匠 100 元,帕克说:"我也知道了原来残疾人也可以自食其力,并生活得很快乐。"

油漆匠只有一只手。

哀莫大于心死,只要自己还持有一颗乐观、充满希望的心,身体的残缺又有什么影响呢? 要学会享受生活,只要还拥有生活的勇气,那么你的人生仍然是五彩缤纷的。

人的潜力是无穷的,世界上没有任何事情能够将人的心完全压制。只要相信自己,人生就没有承受不了的事。至于受老板的责骂、受客户的折磨这种小事,你还会在乎吗?

## 魔力悄悄话

当你适应了不幸以后,你就可以从不幸中找到幸运的种子了。

# 逆境中的黑暗需要心中的光明来照亮

莎士比亚在他的名著《哈姆雷特》中有这样一句经典台词："光明和黑暗只在一线间。"一个人身处黑暗之中，你的心灵千万不要因黑暗而熄灭，而是要充满希望，因为黑暗只是光明来临的前兆而已。

清代有一个年轻书生，自幼勤奋好学，无奈贫困的小村里没有一个好老师。书生的父母决定变卖家产，让孩子外出求学。

一天，天色已晚，书生饥肠辘辘准备翻过山头找户人家借住一宿。走着走着，树林里忽然蹿出一个拦路抢劫的土匪。书生拼命往前逃跑，无奈体力不支再加上土匪的穷追不舍，眼看着书生就要被追上了，正在走投无路时，书生一急钻进了一个山洞里。山匪见状，不肯罢休，也追进山洞里。洞里一片漆黑，在洞的深处，书生终究未能逃过土匪的追逐，他被土匪逮住了。一顿毒打自然不能免掉，身上的所有钱财及衣物，甚至包括一把准备为夜间照明用的火把，都被土匪一掳而去了。土匪给他留下的只有一条薄命。

完事之后，书生和土匪两个人各自分头寻找着洞的出口，这山洞极深极黑，且洞中有洞，纵横交错。

土匪将抢来的火把点燃，他能轻而易举地看清脚下的石块，能看清周围的石壁，因而他不会碰壁，不会被石块绊倒，但是，他走来走去，就是走不出这个洞，最终，恶人有恶报，他迷失在山洞之中，力竭而死。

书生失去了火把，没有了照明，他在黑暗中摸索行走得十分艰辛，他不时碰壁，不时被石块绊倒，跌得鼻青脸肿，但是，正因为他置身于一片黑暗之中，所以他的眼睛能够敏锐地感受到洞里透进来的一点点微光，他迎着这缕微光摸索爬行，最终逃离了山洞。

　　如果没有黑暗,怎么可能发现光明呢? 黑暗并不可怕,它只是光明到来之前的预兆。在黑暗中摸索前行,充满光明的渴望,才是最良好的心态。如果你害怕黑暗,因黑暗而绝望,你将被无边的黑暗所湮没。相反,若你一直在心中点一盏长明灯,光明很快就会降临。

## 魔力悄悄话

　　不要诅咒目前的黑暗,你所要做的就是做好准备,去迎接光明,因为黑暗只是光明的前兆。

# 正确看待终极的逆境——厄运

一位名人说过："没有永久的幸福,也没有永久的不幸。"厄运虽然令人忧愁、令人不快,甚至打击一个人几年、十几年,但厄运也有它的"致命弱点",那就是它不会持久存在。

那些在生活中遭受接二连三打击的人,不要总是哀叹自己"命运不济",你一定要相信:厄运不久就会远走,转运的一天迟早会到来。

宾夕法尼亚州匹兹堡有一个女人,她已经35岁了,过着平静、舒适的中产阶层的家庭生活。但是,她突然连遭四重厄运的打击:丈夫在一次事故中丧生,留下两个小孩。没过多久,一个女儿被烤面包的油脂烫伤了脸,医生告诉她孩子脸上的伤疤终生难消,女人为此伤透了心;她在一家小商店找了份工作,可没过多久,这家商店就关门倒闭了;丈夫给她留下一份小额保险,但是她耽误了最后一次保费的续交期,因此保险公司拒绝支付保费。

碰到一连串不幸事件后,女人近于绝望。她左思右想,为了自救,她决定再做一次努力,尽力拿到保险补偿。在此之前,她一直与保险公司的下级员工打交道。当她想面见经理时,一位多管闲事的接待员告诉她经理出去了。她站在办公室门口无所适从,就在这时,接待员离开了办公桌。机遇来了。她毫不犹豫地走进里面的办公室,结果,看见经理独自一人在那里。经理很有礼貌地问候了她,她受到了鼓励,沉着镇静地讲述了索赔时碰到的难题。经理派人取来她的档案,经过再三思索,决定以德为先,给予赔偿,虽然从法律上讲公司没有承担赔偿的义务,工作人员按照经理的决定为她办了赔偿手续。

但是,由此引发的好运并没有到此中止。经理尚未结婚,对这位年轻寡妇一见倾心。他给她打了电话，几星期后，他为寡妇推荐了一位医生，医生为她的女儿整容，脸上的伤疤被清除干净；经理通过在一家大百货公司工作的朋友给寡妇安排了一份工作，这份工作比以前那份工作好多了；不久，经理向她求婚。几个月后，他们结为夫妻，而且婚姻生活相当美满。

这个故事很好地阐释了"厄运"的寿命，厄运不会长久，幸福随时都会来临。任何时候，都不要因厄运而气馁，厄运不会时时伴随你，阴云之后的阳光很快就会来临。

## 魔力悄悄话

厄运的最大弱点就是它不会长久，因此，当你正遭受厄运的打击时，一定要相信，幸福很快就会来临。

# 在逆境之途为自己点一盏希望之灯

　　真正的智者,总是站在有光的地方。太阳很亮的时候,生命就在阳光下奔跑。当太阳熄灭,还会有那一轮高挂的明月。当月亮熄灭了,还有满天闪烁的星星,如果星星也熄灭了,那就为自己点一盏心灯吧。无论何时,只要心灯不灭,就有成功的希望。

　　紫霄未满月就被白发苍苍的奶奶抱回家。奶奶含辛茹苦把她养到小学毕业,狠心的父母才从外地返家。父母重男轻女,对女儿非常刻薄。她生病时,父母会变本加厉地迫害她,母亲对她说:"我看你就来气,你给我滚,又有河、又有老鼠药、又有绳子,有志气你就去死。"还残忍地塞给她一瓶"安定"。13岁的小姑娘没有哭,在她幼小的心灵里,萌生了强烈的愿望——一定要活下去,并且还要活出一个人样来!

　　被母亲赶出家门,好心的奶奶用两条万字糕和一把眼泪,把她送到一片净土——尼姑庵。紫霄满怀感激地送别奶奶后,心里波翻浪涌,难道自己的生命就只能耗在这没有生气的尼姑庵吗? 在尼姑庵,法名"静月"的紫霄得了胃病,但她从不叫痛,甚至在她不愿去化缘而被老尼姑惩罚时,她也不哭不闹。但是叛逆的个性正在暗暗滋长。在一个淅淅沥沥下着小雨的清晨,她揣上奶奶用鸡蛋换来的干粮和卖掉棺材得来的路费,踏上了西去的列车。几天后,她到了新疆,见到了久违的表哥和姑妈。在新疆,她重返课堂,度过了幸福的半年时光。在姑妈的建议下,她回安徽老家办户口迁移手续。回到老家,她发现再也回不了新疆了,父母要她顶替父亲去厂里上班。

　　她拿起了电焊枪,那年她才15岁。她没有向命运低头,因为她的心中还有梦。紫霄业余苦读,通过了写作、现代汉语和文学概论等学科的自学考试。第二年参加高考,她考取了安徽省中医学院。然而她知道因为家庭的原因自己无法实现自己的梦想,大学经常成为她夜梦的主题。

1988年底,紫霄的第一篇习作被《巢湖报》采用,她看到了生命的一线曙光,她要用缪斯的笔来拯救自己。多少个不眠之夜,她用稚拙的笔饱蘸浓情,抒写自己的苦难与不幸,倾诉自己的顽强与奋争。多篇作品寄了出去,耕耘换来了收获,那些心血凝聚的稿件多数被采用,还获得了各种奖项。1989年,她抱着自己的作品叩开了安徽省作协的大门,成了其中的一员。

文学是神圣的,写作是清贫的。紫霄毅然放弃了从父亲手里接过的"铁饭碗",开始了艰难的求学生涯。因为她知道,仅凭自己现在的底子,远远不能成大器。她到了北京,在鲁迅文学院进修。为生计所迫,生性腼腆的她当起了报童。骄阳似火,地面晒得冒烟,紫霄姑娘挥汗如雨,怯生生地叫卖。天有不测风云,在一次过街时,飞驰而过的自行车把她撞倒了。看着肿得像馒头大小的脚踝,紫霄的第一个反应是这报卖不成了。她没有丧失信心,用几天卖报赚来的微薄收入补足了欠交的学费,只休息了几天,她就又一次开始了半工半读的生活。命运之神垂怜她,让她结识了莫言、肖亦农、刘震云、宏甲等作家,有幸亲聆教诲,她感到莫大的满足。

为了节省开支,紫霄住在某空军招待所的一间堆放杂物的仓库里。晚上,这里就成了她的"工作室",她的灯常常亮到黎明。礼拜天,她包揽了招待所上百床被褥的浆洗活,有一次她累昏在水池旁,幸遇两位女战士把她背回去,灌了两碗姜汤,她苏醒之后不久,便接着去洗。她的脸上和手上有了和她年龄不相称的粗糙和裂口。

紫霄后来的经历就要"顺利"得多。随文怀沙先生攻读古文、从军、写作、采访、成名,这一切似乎顺理成章,然而这一切又不平凡。她是一个坚强的女子,是一个不向困难俯首称臣的不屈的奇女子。她把困难视作生命的必修课,而她得了满分。

"一个人最大的危险是迷失自己,特别是在苦难接踵而至的时候……命运的天空被涂上一层阴霾的乌云,她始终高昂那颗不愿低下的头。因为她胸中有灯,它点燃了所有的黑暗。"一篇采访紫霄的专访在题记中写了这样的话,在主人公心中,那盏灯就是自己永远也未曾放弃过的希望。

一个人无论有多么不幸,有多么艰难,那盏灯一定会为你指引前进的方向。

魔力悄悄话

无论何时,都要在自己心中点一盏灯,只要心灯不灭,就有成功的希望。

# 逆境迷途之中需要一面催人向前的旗帜

无论现状有多么困难，都要给自己树一面旗帜，至少你有了一个前进的方向。

信念就像指南针和地图，指出我们要去的目标。没有信念的人，就像少了马达、缺了舵的汽艇，不能动弹一步。所以在人生中，必须得有信念的引导，它会帮助你看到目标，鼓舞你去追求，创造你想要的人生。

很多时候，人们的理想和目标就如同一面在风中高高飘扬的旗帜，它指引着人们前进的方向。

罗杰·罗尔斯是美国纽约州历史上第一位黑人州长，他出生在纽约声名狼藉的大沙头贫民窟。这里环境肮脏，充满暴力，是偷渡者和流浪汉的聚集地。在这儿出生的孩子，耳濡目染，他们之中很多人从小就逃学、打架、偷窃，甚至吸毒，长大后很少有人从事体面的职业。然而，罗杰·罗尔斯是个例外，他不仅考入了大学，而且成了州长。在就职记者招待会上，一位记者对他提问："是什么把你推向州长宝座的？"面对300多名记者，罗尔斯对自己的奋斗史只字未提，只谈到了他上小学时的校长——皮尔·保罗。

1961 年，皮尔·保罗被聘为诺必塔小学的董事兼校长。当时正值美国嬉皮士文化流行的时代，他走进大沙头诺必塔小学的时候，发现这里的穷孩子比"迷惘的一代"还要无所事事。他们不与老师合作，旷课、斗殴，甚至砸烂教室的黑板。皮尔·保罗想了很多办法来引导他们，可是没有一个是有效的。后来他发现这些孩子都很迷信，于是在他上课的时候就多了一项内容——给学生看手相。他用这个办法来鼓励学生。

当罗尔斯从窗台上跳下，伸着小手走向讲台时，皮尔·保罗说："我一看你修长的小拇指就知道,你将来是纽约州的州长。"当时,罗尔斯大吃一惊,因为长这么大,只有他奶奶让他振奋过一次,说他可以成为 5 吨重的小船的船长。这一次,皮尔·保罗先生竟说他可以成为纽约州的州长,着实出乎他的预料。他记下了这句话,并且相信了它。

从那天起,"纽约州州长"就像一面旗帜指引着罗尔斯,他的衣服不再沾满泥土,说话时也不再夹杂污言秽语。他开始挺直腰杆走路,在以后的四十多年间,他没有一天不按州长的身份要求自己。51 岁那年,他终于成了州长。

信念的力量就这样神奇,如果我们也能像罗尔斯那样,为自己树一面旗帜,成功也不会离自己太远。

她从北京 101 中学来到云南边疆一个叫"蚂蟥堡"的地方。

她们住的房子是队里盖的马棚,只有顶,没有墙。人们用竹篱笆将马棚围了起来,放了几张床,两两相依。初到时,看书写字,就搬个小板凳放在床前。

有一天,一位室友收到了家中的来信。她看完后告诉她们,美国人登上月球了。据说全世界都进行了实况转播,但她们没有收音机(在那个年代,收音机算是奢侈品),几个月后才知道这个消息。她们该做什么呢?能做什么呢?空担着一个"知识青年"的虚名,多数人只懂得一元一次方程式,更不要说极"左"路线把很多原来能做的事也弄得做不成了。种种希望和理想,似乎像射进篱笆墙的阳光碎成了星星点点,聚不起来了。

她在苦闷中度过了几个月后,不再困惑,她找到了她的信念,她把自己充实起来。她很少浪费时间,除了劳动就是钻研,时间安排得很紧。当然,不是为了上月球,也不是为了想进大学,而只是希望让科学在生活中起些作用。她不过是个苗圃工,却读完了农大的好几门课。她苦读医书,在自己身上练会了针灸,治好过好几个病人。她动手建小气象站,自己动手做百叶箱,立风向杆,养蚂蟥,半夜起来记录温度……为了学习专业知识,她同时也学习基础知识,从一元一次方程到微积分,从 A、B、C 学习到阅读英文书籍,从"老初一"提高到了大学水平。

## 抗逆力——轻舟已过万重山

1973年，一批科技期刊恢复出版，她到邮局订了所有能订的期刊，用掉了一个月的收入。她的衣服却是补了又补，鞋子也缝了又缝。她这种对科学的执着和钻研的顽强意志，在过去和现在都是她有力的人生支柱之一。专注于科学，专注于诚实的、有益的工作，使她有了更多的勇气战胜懈怠、软弱和虚荣心。后来她成了上海交大的研究生。

在人生旅途中，通往理想的道路上总会遇到大大小小的困难和挫折，埋怨、消沉、哀叹命运，这些都无济于事。面对挫折，要有宽阔的胸襟，要有无畏的勇气。要记住，挫折是通向理想的阶梯。只要你有走出的愿望，没有永远走不出的人生低谷。如果你还在为不幸的遭遇自怨自艾的话，那你的人生将不会有任何前途。

信念的力量是无穷的，很多人不能获得成功，往往是因为他们没有信念，或者，他们的信念并不扎实。苏联的哥罗连科曾说过："信念是储备品，行路人在破晓时带着它登程，但愿他在日暮以前足够使用。"但信念并不是到处去寻找顾客的产品营销员，它永远也不会主动地去敲你的大门。因此，一个想成功的人必须主动地为自己树一面信念的旗帜，让它在远方随风飘扬，引导着你一步步走向成功。

## 魔力悄悄话

人生到底是喜剧收场还是悲剧落幕，是轰轰烈烈的还是无声无息的，就全在于这个人到底持有什么样的信念。

# 在逆境之中要恰当释放心中的失意

每个人都会有失意事，包括事业上的失意、情感上的失意、家庭上的失意。

失意事本就是一种痛苦，搁在心里不找人倾诉更是痛苦。据说，把失意事摆在心里还会造成心理的疾病，所以找人倾诉也是好的。可是根据前人的经验，失意事还是不要轻易吐露比较好。

吐露失意事，不管是主动吐露或被动吐露，都有很多副作用。

1. 无意中塑造了自己无能、软弱的形象。虽然每个人都会有失意事，但如果你在吐露失意事时，别人正在得意，那么别人会直觉地认为你是个无能或能力不足的人，要不然为什么"失意"？嘴巴虽然不说出来，但心里多少会这样想。而且失意事一讲，有时会因情绪失控而一发不可收拾，造成别人的尴尬，这才是最糟糕的一件事。如果你的失意情绪引来别人的安慰，温暖固然温暖，但你却因此而变成一个"无助的孩子"，别人的评语是："唉，真可怜！"

2. 别人对你的印象分数会打折扣。很多人凭印象来给别人打分数，一般来说，自信、坚定的人，他所获得的印象分数会比较高，如果他还是个事业有成的人，那么更会获得"尊敬"，这是人性，没什么道理好说。如果你的失意让别人知道了，他们会下意识地在分数表上给你扣分，本来你是80分，这样一下子就不及格了，而他们对你的态度也会很自然地转变，由尊敬、热情而变得不屑、冷淡。

3. 形成失败者的形象。你的失意事如果说得次数太多，或是经听者的传播，让你的朋友都知道了，那么别人会为你贴上一个标签："失败者！"当别人谈到你时，便会想到这些事。在现实的社会里，别人是吝于给你机会的。尤其传言很可怕，明明小失意也会被传成大失败，这都会对你的未来人生造成或大或小的阻碍，谁管你是怎么失意的，而失意的实情又是如何呢？

并不是说"失意事"要闷在心里，但要谈你的失意事必须看时机、对象。吐露失意事需要注意两点：

1. 只能对好朋友说。好朋友了解你，你的坚强、软弱，优点、缺点他都知道，跟这种朋友说才能"确保安全"。至于初见面的人、普通朋友，一句也不可说。

2. 只能在得意时说。失意时谈失意事，别人会认为你是弱者；得意时谈失意事，别人会认为你是勇者，并由衷地从心里涌出对你的"敬意"。而你由失意而得意的历程，他们甚至还会当成励志的教材，这又比一辈子平顺、得意的人"神气"。

魔力悄悄话

在逆境中前进，出现失意的事是难免的，如果你能正视他，及时释放内心中由此产生的压力，你会发现，痛苦也会由此消逝。

# 第二章
## 逆境往往是成功的土壤

　　雨果有句名言:"痛苦能够孕育灵魂和精神的力量,灾难是傲骨的乳娘,祸患则是人杰的乳汁。"痛苦、灾难、祸患并不可怕。它是一次机会;是一次机遇;是一个跳板。只要能勇敢的去面对,以坚强的毅力冲出突围,人生的舞台就会放出最绚丽的光彩。"生于忧患死于安乐",只有逆境才可以磨炼人的意志,而这种意志又会帮助你成就一番事业,获得人生的成功。

# 逆境的泥泞造就了你前进的足迹

曾担任过联合国秘书长的瑞典政治家哈马舍尔德曾说:"我们无从选择命运的框架,但我们放进去的东西却是我们自己的。"人不能选择命运,却可以选择自己生命的道路。你选择艰苦的道路,你的脚印就会印在上面,被人们记住。

鉴真和尚刚遁入空门时,寺里的住持让他做了寺里谁都不愿做的行脚僧。

有一天,日上三竿了,鉴真依旧大睡不起。住持很奇怪,推开鉴真的房门,见床边堆了一大堆破破烂烂的芒鞋。住持叫醒鉴真,问道:"你今天不外出化缘,堆这么一堆破芒鞋做什么?"

鉴真打了个哈欠说:"别人一年一双芒鞋都穿不破,我刚剃度一年多,就穿烂了这么多的鞋子,我是不是该为庙里节省些鞋子?"

住持一听就明白了,微微一笑说:"昨天夜里下了一场雨,你随我到寺前的路上走走看看吧。"

寺前是一座黄土坡,由于刚下过雨,路面泥泞不堪。

住持拍着鉴真的肩膀说:"你是愿意做一天和尚撞一天钟,还是想做一个能光大佛法的名僧?"

鉴真说:"我当然希望能光大佛法,做一代名僧。"

住持捻须一笑:"你昨天是否在这条路上走过?"

鉴真说:"当然。"

住持问:"你能看到自己的脚印吗?"

鉴真不解地说:"昨天这路又坦又硬,小僧哪能看到自己的脚印?"

住持又笑笑说:"今天我俩在这路上走一遭,你能找到你的脚印吗?"

鉴真说:"当然能了。"

住持听了,微笑着拍拍鉴真的肩说:"泥泞的路才能留下脚印,世上芸芸众生莫不如此啊。那些一生碌碌无为的人,不经风不沐雨,没有起也没有伏,就像一双脚踩在又坦又硬的大路上,脚步抬起,什么也没有留下;而那些经风沐雨的人,他们在苦难中跋涉不停,就像一双脚行走在泥泞里,他们走远了,但脚印却印证着他们行走的价值。"

鉴真惭愧地低下了头。

选择泥泞的路才能留下脚印,不经历风雨,终究不会有任何的收获。只可惜,有许多人只知道放弃,而不懂得坚持。

魔力悄悄话

在人生路途中,不要害怕失败,人生本来就需要风雨来洗礼,因为泥泞的路才能有脚印。

# 要正视成功之前的逆境

人们常赞美游到彼岸的成功英雄,却容易忘记在河中艰难泅渡的过程。在人生的旅途上,我们必须以乐观的态度来面对失败,因为在人生之路上,一帆风顺者少,曲折坎坷者多,成功是由无数次失败构成的。正如美国通用电气公司创始人沃特所说:"通向成功的路就是把你失败的次数增加一倍。"尽管我们说成败孰知谁为英雄,还说失败乃成功之母,许多道理都是成败对举,但着眼都是成功,讲得更多的是成功,甚至整部"成功学"关注更多的也是成功。

就英雄而言,许多杰出的人物,许多名垂青史的成功者,并不是得益于旗开得胜的顺畅、马到成功的得意,反而是失败造就了他们。这正如孟老夫子所说:"天将降大任于斯人也,必先苦其心志,劳其筋骨,饿其体肤,空乏其身,行拂乱其所为,所以动心忍性,曾(增)益其所不能。"孟子说的这番话,重点就是:一个人要有所成,有所大成,就必须忍受失败的折磨,在失败中锻炼自己,丰富自己,完善自己,使自己更强大、更稳健。这样,才可以水到渠成地走向成功。上帝关了这扇窗,必会为你开启另一道门。

的确,天无绝人之路,上天总会给有心人一个反败为胜的机会。

魔力悄悄话

失败就像一条河,只有不怕河中的滔天巨浪,不怕在渡河中淹死,才可能游到成功的彼岸。

# 正视逆境中自己出现的错误

错误既然已经发生了,就不要再斤斤计较错误的过程,你需要做的,就是从错误中找到成功的契机,继续前进。

曾经有人做过了分析后指出,成功者成功的"元凶",其中一条很重要就是"随时矫正自己的错误"。

一位老农场主把他的农场交给一位外号叫"错错"的雇工管理。

农场里有位堆草高手心里很不服气,因为他从来都没有把"错错"放在眼里过。他想,全农场哪个能够像我那样,一举挑杆子,草垛便像中了魔似的不偏不倚地落到了预想的位置上?回想"错错"刚进农场那会儿,连杆子都拿不稳,掉得满地都是草,有的甚至还砸在自己的头上,非常搞笑。等他学会了堆草垛,又去学割草,留下歪歪斜斜、高高低低的一片;别人睡觉了,他半夜里去了马房,观察一匹病马,说是要学学怎样给马治病。为了这些古怪的念头,"错错"出尽了洋相,不然怎么叫他"错错"呢?

老农场主知道堆草高手的心思,邀请他到家里喝茶聊天。"你可爱的宝宝还好吗?平时都由他们的妈妈照顾吧?"高手点点头,看得出来他很喜欢他的孩子。老人又说:"如果孩子的妈妈有事离开,孩子又哭又闹怎么办呢?""当然得由我来管他们啦。孩子刚出生那阵子真是手忙脚乱哩,不过现在好多了。"高手说。

老人叹了一口气,说:"当父母可不易啊。随着孩子的渐渐长大,你需要考虑的事情还很多很多,不管你愿意不愿意,因为你是父亲。对我来说,这个农场也就是我的孩子,早年我也是什么都不懂,但我可以学,也经过了很多次的失败,就像'错错'那样,经常遭到别人的嘲笑。"

话说到这个节骨眼上,高手似乎领会了老人的用意,神情中露出愧色。

　　"优胜劣汰"成为一种必然。但现在人们开始认同另一种说法：成功，就是无数个"错误"的堆积。

　　错误是这个世界的一部分，与错误共生是人类不得不接受的命运。

　　因此，当出现错误时，我们应该像有创造力的思考者一样了解错误的潜在价值，然后把这个错误当作垫脚石，从而产生新的创意。事实上，人类的发明史、发现史上到处充满了错误假设和失败观念。哥伦布以为他发现了一条通往印度的捷径；开普勒偶然间得到行星间引力的概念，他这个正确假设正是从错误中得到的；再说爱迪生还知道上万种不能制造电灯泡的方法呢。

　　错误还有一个好用途，它能告诉我们什么时候该转变方向。比如你现在可能不会想到你的膝盖，因为你的膝盖是好的；假如你折断一条腿，你就会立刻注意到你以前能做且认为理所当然的事，现在都没法做了。假如我们每次都对，那么我们就不需要改变方向，只要继续沿着目前的方向前进，直到结束。结果也许就永远没有改变方向尝试另一条道路的机会。

**魔力悄悄话**

　　错误并不总是坏事，从错误中汲取经验教训，再一步步走向成功的例子也比比皆是。

# 逆境中的挫折是人的晋身之阶

每个人心中都应有两盏灯光,一盏是希望的灯光;一盏是勇气的灯光。有了这两盏灯光,我们就不怕海上的黑暗和波涛的险恶了。

如果你要选择成功,那么,你同时要选择坚强。因为一次成功总是伴随着许多失败,而这些失败从不怜惜弱者。没有铁一般的意志,你就不会看到成功的曙光。生活告诉我们,怯懦者往往被灾难打垮、吓退,坚强者则大步向前。

据说有一个英国人,生来就没有手和脚,竟能如常人一般生活。有一个人因为好奇,特地拜访他,看他怎样行动,怎样吃东西。那个英国人睿智的思想、动人的谈吐,使那个客人十分惊异,甚至完全忘掉了他是个残疾人了。

巴尔扎克曾说过:"挫折和不幸是人的晋身之阶。"悲惨的事情和痛苦的境况是一所培养成功者的学校,它可以使人神志清醒,遇事慎重,改变举止轻浮、冒失逞能的恶习。上帝之所以将如此之多的苦难降临到世上,就是想让苦难成为智慧的训练场、耐力的磨炼所、桂冠的代价和荣耀的通道。

当你碰到困难时,不要把它想象成不可克服的障碍。因为,在这个世界上没有任何困难是不可克服的,只要你敢于扼住命运的咽喉。贝多芬28岁便失去了听觉,耳朵聋到听不见一个音节的程度,但他为世界留下了雄壮的《第九交响曲》。托马斯·爱迪生是聋子,他要听到自己发明的留声机唱片的声音,只能用牙齿咬住留声机盒子的边缘,使头盖骨骨头受到震动而感觉到声响。不屈不挠的美国科学家弗罗斯特教授奋斗二十五年,硬是用数学方法推算出太空星群以及银河系的活动变化。他是个盲人,看不见他热爱了终生的天空。塞缪尔·约翰生的视力衰弱,但他顽强地编纂了全世界第一本真正伟大的《英语词典》。达尔文被病魔缠身四十年，可是他从未间断过改变了整个世界观念的科学预想的探索。爱默生一生多病，但是他留下了美国文学第一流的诗文集。

如果上帝已经开始用苦难磨砺你，那么，能否通过这次考验，就看你是不是能扼住命运的咽喉，走出一条绚丽的人生之路了。

与苦难搏击，会激发你身上无穷的潜力，锻炼你的胆识，磨炼你的意志。也许，身处苦难之时，你会倍感痛苦与无奈，但当你走过困苦之后，你会更加深刻地明白：正是那份苦难给了你人格上的成熟和伟岸，给了你面对一切无所畏惧的勇气。

苦难，在不屈的人们面前会化成一种礼物，这份珍贵的礼物会成为真正滋润你生命的甘泉，让你在人生的任何时刻，都不会轻易被击倒！

## 魔力悄悄话

苦难是人生的试金石。要想取得巨大的成功，就要先懂得承受苦难。在你承受得住无数的苦难相加的重量之后，才能承受成功的重量。

# 挫折是对强者的试炼

连遭厄运的人应当牢记：不论在生活中碰到怎样的厄运，都不意味着你命里注定永无出头之日。只要你顺势而为，运气时时都会光临，不间断地连遭厄运毕竟比较少见。生活中的机遇并非一成不变地向我们走来，它们像脉冲一样有起有伏，有得有失。每当人们坐在一起相互安慰时总是说黑暗过后必有黎明，这才是隐匿在生活中的真谛。一个生命的强者，会把各种挫折和厄运当作另一个起点。

生活一次又一次表明，只要一个人全力以赴、奋斗不息，与背运的屠刀拼死相搏，时运终究会逆转，他终究会抵达安全的彼岸。莎士比亚说："与其责难机遇，不如责难自己。"这就是人生的基本课程。我们只要仔细回顾一下生活中坏运变为好运的大量实例，就会发现，挫折和厄运仅仅是强者成功的起点罢了。

在某个地方有一家很大的农户，其户主被称为耶路撒冷附近最慈善的农夫。每年拉比都会到他家访问，而每次他都毫不吝惜地捐献财物。

这个农夫经营着一块很大的农田。可是有一年，先是受到风暴的袭击，整个果园被破坏了。随后，又遇上一阵传染病，他饲养的牛、羊、马全部死光了。债主们蜂拥而至，把他所有的财产扣押了起来。最后，他只剩下一块小小的土地。

这位农夫的太太却对丈夫说："我们时常为教师建造学校，维持教堂，为穷人和老人捐献钱，今年拿不出钱来捐献，实在遗憾。"

夫妇俩觉得让拉比们空跑一趟，于心不安，便决定把最后剩下的那块地卖掉一半，捐献给拉比们。拉比们非常惊讶，在这样的状况下，还能收到他们的捐款。

有一天,农夫在剩下的半块土地上犁地,耕牛突然滑倒了,他手忙脚乱地扶起耕牛时,却在牛脚下挖出个宝物。他把宝物卖了之后,又可以和过去一样经营果园农田了。

第二年,拉比们再次来到这里,他们以为这个农夫还和以前一样贫穷,所以又找到这块地上来。附近的人告诉他们:"他已经不住在这里了,前面那所高大的房子,就是他的家。"

拉比们走进大房子,农夫向他们说明了自己在这一年所发生的事,并总结道:只要不惧怕困难,并保持感恩的心,必定会赢得一切的。

这位农夫的经历告诉我们,面对挫折,绝不能害怕、胆怯。去做那些你害怕的事情,害怕自然会消失。狼如果因为遭遇过挫折而胆怯害怕,这个种群就不可能继续生存下去。

人生如行船,有顺风顺水的时候,自然也有逆风大浪的时候。这就要看掌舵的船夫是不是高明了,高明的船夫会巧妙地利用逆风,将逆风也作为行船的动力。

人生、事业的发展也一样。如果你能始终以一种积极的心态去对待你人生中可能遇到的"逆风大浪",并对其加以合理的利用,将被动转化为主动,那么,你就是人生征途上高明的舵手。

★魔力悄悄话★

挫折是弱者的绊脚石,却是强者成功的起点。要想成功,就必须做生命的强者。

# 挫折孕育着成功

不要被失败所困，花点时间找出失败的原因，并从中吸取教训，你将离最终的成功更近了一步。

所有的人都会有失败的时候，重要的是当你犯了错误的时候，是否会及时承认错误并且想办法去弥补它。如果你不能摆脱失败的阴影，那么你将会裹足不前。

相传康熙年间，安徽青年王致和赴京应试落第后，决定留在京城，一边继续攻读，一边学做豆腐以谋生。可是，他毕竟是个年轻的读书人，没有做生意的经验。夏季的一天，他所做的豆腐剩下不少，只好用小缸把豆腐切块腌好。但日子一长，他竟忘了有这缸豆腐，等到秋凉时想起来了，但腌豆腐已经变成了"臭豆腐"。王致和十分恼火，正欲把这"臭气熏天"的豆腐扔掉时，转而一想，虽然臭了，但自己总还可以留着吃吧。于是，就忍着臭味吃了起来，然而，奇怪的是，臭豆腐闻起来虽有股臭味，吃起来却非常香。

于是，王致和便拿着自己的臭豆腐去给自己的朋友吃。好说歹说，别人才同意尝一口，没想到，所有人在捂着鼻子尝了以后，都赞不绝口，一致公认此豆腐美味可口。王致和借助这一错误，改行专门做臭豆腐，生意越做越大，而影响也越来越广，最后，连慈禧太后也慕名前来尝一尝美味的臭豆腐，对其大为赞赏。

从此，王致和臭豆腐身价倍增，还被列入御膳菜谱。直到今天，许多外国友人到了北京，都还点名要品尝这所谓"中国一绝"的王致和臭豆腐。

因为腌豆腐变臭这次失败，改变了王致和的一生。

所以在人生路上，遇到失败时我们要学会转个弯，把它作为一个积极的转折点，选择新的目标或探求新的方法，把失败作为成功的新起点。

　　成功者与失败者最大的不同,就在于前者珍惜失败的经验,他们善于从失败中吸取教训,寻找新的方法,反败为胜,获得更大的胜利;而后者一旦遭遇失败的打击就坠入痛苦的深渊中不能自拔,每天闷闷不乐,自怨自艾,直至自我毁灭。

　　学会从失败中获取经验,你就会获得最后的成功。

**魔力悄悄话**

　　一件事情上的失败绝不意味着你的整个人生都是失败的,失败只是暂时的受挫,不要把它当成生死攸关的问题。永远保持积极的心态,你将离成功更近。

# 失败是通往成功的必经之路

美国舌战大师丹诺在他的自传里，曾写过这样一句话："一个人要做一番非凡的事业，就不应该贪图眼前的享受，应具备不折不挠的意志，并且坚信总会有苦尽甘来的成功之日。"

要想实现自己的人生价值，每个人都不可避免地会遭遇各种各样的失败。在面临失败时，人绝不能被失败打倒，相反，人要将失败踩在脚下，把失败当作自己走向成功之路的踏脚石。

倪萍曾是中国中央电视台当家主持人之一，但是，倪萍在刚刚"出道"时，遭遇过一次重大的挫折。

在电视台举办的各种现场直播节目过程中，主持人遇到的最大困难是很多情况无法预料。因此，就会出现各种束手无策的情况，那种尴尬和无奈真是令主持人难堪。

1993 年 9 月，中央电视台专门为几对金婚的老年朋友举办一期《综艺大观》，他们都是我国各行各业卓有成就的科学家，其中有一位是我国第一代气象专家。

在直播现场，当主持人倪萍把话筒递到这位老科学家面前时，他顺势就接了过去。

对于直播中的主持人来说，如果把手中的话筒交给采访对象，就意味着失职，因为你手中没有了话筒，现场的局面你就无法控制，无法掌握了。更严重的是，对方如果说了不应该说的话，你就更加被动！但那时众目睽睽，她根本无法把话筒再要回来。

"我首先感谢今天能来到你们中央气象台！"这位老专家第一句话就说错了，全场观众大笑。倪萍伸出手去，想把话筒接回来，但老专家躲开了。

后来倪萍又两次伸出手去，但老专家还是没给。于是，舞台上出现了倪萍和老专家来回夺话筒的情况。台下的导演急得直打手势，倪萍更是浑身出汗。

那时候，《综艺大观》是中央电视台的王牌节目之一，节目的收视率很高，所以，直播结束后，不少观众来信批评倪萍："你不应该和老科学家抢话筒，要懂得尊重别人……"

倪萍认真地检讨了自己，她知道这是她作为节目主持人的失职。面对上亿观众，她绝对不应该抢话筒，更不应该随便打断别人的讲话，更何况是年轻人对长者。但观众们可能并不知道，直播节目的时间一分一秒都是事先经过周密安排的，如果这位长者占了太长的时间，后面的节目就没法连接了。

事情发生后，倪萍没有刻意去推脱责任，反而主动承担了这次失误。这对于刚进台不久的她来说，该需要怎样的勇气啊！接着，她仔细回忆了当时的情景，试图从中找出失败的原因。人不怕犯错误，就怕接连犯相同的错误。经过反复的思考和总结，倪萍得出了这样的体会：如果自己在直播前，能和这位长者多交流交流，了解他的个性，掌握他的说话方式，那天就不会出现尴尬的场面。

随着电视的迅速普及，观众对电视节目主持人的要求和批评也随之增多，倪萍对此都能正确地对待。她知道，只有接受批评，然后再丰富自己、勇于突破，她的艺术生命才会越来越长。相反，害怕批评，裹足不前，那么作为主持人，在失去观众的同时，最终也失去了自己，也就不会是一个成功者。

倪萍后来的成功，充分地说明了这一点。

"成功只属于生活的强者！"而要做生活的强者，获得事业上的成功，必须战胜人生道路上的艰难险阻，克服各种各样的挫折与失败。

人的一生绝不可能是一帆风顺的，有成功的喜悦，也有扰人的烦恼；会经历波澜不惊的坦途，更有布满荆棘的坎坷与险阻。在挫折和磨难面前，畏缩不前是懦夫，奋而前行的是勇者，攻而克之的是英雄。唯有与挫折作不懈抗争的人，才有希望看见成功女神高擎着的橄榄枝。

## 抗逆力——轻舟已过万重山

　　挫折是一片惊涛骇浪的大海，你可能会在那里锻炼胆识，磨炼意志，获取宝藏；也有可能因胆怯而后退，甚至被吞没。鲁迅说："伟大的心胸，应该表现出这样的气概——用笑脸来迎接厄运。"

　　把失败看得轻一些、低一些，当作一块踏脚石，你以后就会走得更高、看得更远。

### 魔力悄悄话

　　人不能被失败打倒，相反，人要将失败踩在脚下，把失败当作自己走向成功之路的踏脚石。

# 失去是逆境之行中不可避免的

在失去不可避免的时候，你需要做的不是空怀惆怅，而是多思考一下，从失去中获取所得。

在人的一生中，许多事都不是自己所能够把握的，我们不要苛求自己能做到完美。在生命中，每时每刻都会有所失，在这个时候，我们必须学会多从失去中获取。

有个叫阿巴格的人生活在内蒙古草原上，有一次，年少的阿巴格和他爸爸在草原上迷了路，阿巴格又累又怕，到最后快走不动了，爸爸就从兜里掏出五枚硬币，把一枚硬币埋在草地里，把其余四枚放在阿巴格的手上，说："人生有五枚金币，童年、少年、青年、中年、老年各有一枚，你现在才用了一枚，就是埋在草地里的那一枚，你不能把五枚都扔在草原里，你要一点点地用，每一次都用出不同来。当你失去一枚金币，你就要有所得。这样才不枉人生一世。今天我们一定要走出草原，你将来也一定要走出草原。世界很大，人活着，就要多走些地方，多看看，不要让你的金币没有用就扔掉。"在父亲的鼓励下，那天阿巴格走出了草原。长大后，阿巴格离开了家乡，成了一名优秀的船长。

人赤条条地来到这个世界，又两手空空地离去。人的一生不可能永久地拥有什么，一个人获得生命后，先是童年，接着是青年、壮年、老年。然而这一切又都在不断地失去，在你得到一些东西的同时，你其实也在失去另一些东西。所以说人生获得的本身就是一种失去。人生在世，有得有失，有盈有亏。有人说得好，你得到了名人的声誉或高贵的权力，同时，就失去了做普通人的自由；你得到了巨额财产，同时就失去了淡泊清贫的欢愉；你得到了事业成功的满足，同时也失去了眼前奋斗的目标。一个不懂得什么时候该失去什么的人，就是愚蠢可悲的人。谁违背这个过程，谁就会像贪婪的吝啬鬼，累倒在地，爬不起来。

要知道失去是不可避免的，但你一定要学会从失去中获取，懂得从失去中获取的人，不论生活中出现什么样的恶劣状况，他都能从容应对，他的生命一定会更充实。

## 魔力悄悄话

我们每个人如果认真地思考一下自己的得与失，就会发现，在得到的过程中也确实不同程度地经历了失去。整个人生就是一个不断地得而复失的过程。

# 要用希望之光照亮逆境之途

苦难能毁掉弱者,同样也能造就强者。因此,在任何时候都不要放弃希望。

罗勃特·史蒂义森说过:"不论担子有多重,每个人都能支持到夜晚的来临;不论工作多么辛苦,每个人都能做完一天的工作,每个人都能很甜美、很有耐心、很可爱、很纯洁地活到太阳下山,这就是生命的真谛。"确实如此,唯有流着眼泪吞咽面包的人才能理解人生的真谛。因为苦难是孕育智慧的摇篮,它不仅能磨炼人的意志,而且能净化人的灵魂。如果没有那些坎坷和挫折,人绝不会有这么丰富的内心世界。

苦难能毁掉弱者,同样也能造就强者。

有些人一遇挫折就灰心丧气、意志消沉,甚至用死来躲避厄运的打击,这是弱者的表现。可以说生比死更需要勇气,死只需要一时的勇气,生则需要一世的勇气。每个人的一生中都可能有消沉的时候,居里夫人曾两次想过自杀;奥斯特洛夫斯基也曾用手枪对准过自己的脑袋,但他们最终都以顽强的意志面对生活,并获得了巨大的成功。可见,一时的消沉并不可怕,可怕的是在消沉中不能自拔。

城市被围,情况危急。守城的将军派一名士兵去河对岸的另一座城市求援,假如救兵在明天中午赶不回来,这座城市就将沦陷。

整整两个时辰过去了,这名士兵才来到河边的渡口。

平时渡口这里会有几只木船摆渡,但是由于兵荒马乱,船夫全都避难去了。

本来他是可以游泳过去的,但是现在数九寒天,河水太冷,河面太宽,而敌人的追兵随时可能出现。

他的头发都快愁白了,假如过不了河,不仅自己会当俘虏,整个城市也会落在敌人手里。万般无奈,他只得在河边静静地等待。

这是一生中最难熬的一夜,他觉得自己都快要冻死了。

他真是四面楚歌、走投无路了。自己不是冻死,就是饿死,要么就是落在敌人手里被杀死。

更糟的是,到了夜里,起了北风,后来又下起了鹅毛大雪。

他冻得缩成一团,他甚至连抱怨自己命苦的力气都没有了。

此时,他的心里只有一个念头:活下来!

他暗暗祈求:"上天啊,求你再让我活一分钟,求你让我再活一分钟!"也许他的祈求真的感动了上天,当他气息奄奄的时候,他看到东方渐渐发亮。等天亮时,他惊奇地发现,那条阻挡他前进的大河上面,已经结了一层冰。他往河面上试着走了几步,发现冰冻得非常结实,他完全可以从上面走过去。

他欣喜若狂,牵着马从上面轻松地走过了河面。

## 魔力悄悄话

做一个生命的强者,就要在任何时候都不放弃希望,我们最终会等到转机来临的那一天。

# 第三章
## 苦难是人生美丽的风景

　　成功往往是苦难逼出来的，作为人我们都是凡夫俗子，我们都有惰性，谁不想过衣来伸手，饭来张口，荣华富贵的生活？但这种生活往往会消磨人的意志，软化人的精神，让人在醉生梦死当中慢慢沉沦下去。尝尽了苦难就需要成功，成功是苦难孕育的结果。一条路如果没有曲折，看上去就显得过于直白，所以古人的住宅，讲究"曲径通幽"的效果，说的就是这个道理，只有经历过曲折，才能了解人生，得到内心的平静。苦难之于人生，也是一样的道理。

# 正确看待逆境中的苦难

苦难可以激发生机，也可以扼杀生机；可以磨炼意志，也可以摧垮意志；可以启迪智慧，也可以蒙蔽智慧；可以高扬人格，也可以贬低人格。这完全取决于每个人本身。

曾有这样一个"倒霉蛋"，他是个农民，做过木匠，干过泥瓦工，收过破烂，卖过煤球，在感情上受到过欺骗，还打过一场三年之久的官司。他曾经独自闯荡在一个又一个城市里，做着各种各样的活计，居无定所，四处漂泊，生活上也没有任何保障。看起来仍然像一个农民，但是他与乡里的农民有些不同，他虽然也日出而作，但是不日落而息——他热爱文学，写下了许多清澈纯净的诗歌，每每读到他的诗歌，都让人们为之感动，同时为之惊叹。

"你这么复杂的经历怎么会写出这么纯净的作品呢？"他的一个朋友这么问他，"有时候我读你的作品总有一种感觉，觉得只有初恋的人才能写得出。"

"那你认为我该写出什么样的作品呢？《罪与罚》吗？"他笑道。

"起码应当比这些作品更沉重和黯淡些。"

他笑了，说："我是在农村长大的，农村家家都储粪种庄稼。小时候，每当碰到别人往地里送粪时，我都会掩鼻而过。那时我觉得很奇怪，这么臭、这么脏的东西，怎么就能使庄稼长得更壮实呢？后来，经历了这么多事，我却发现自己并没有学坏，也没有堕落，甚至连麻木也没有，就完全明白了粪便和庄稼的关系。"

"粪便是脏臭的，如果你把它一直储在粪池里，它就会一直这么脏臭下去。但是一旦它遇到土地，它就和深厚的土地结合，就成了一种有益的肥料。对于一个人,苦难也是这样。如果把苦难只视为苦难,那它真的就只是苦难。但是如果你让它与你精神世界里最广阔的那片土地去结合,它就会成为一种宝贵的营养,让你在苦难中如凤凰涅槃,体会到特别的甘甜和美好。"

土地转化了粪便的性质,人的心灵则可以转化苦难的性质。在这转化中,每一场沧桑都成了他生活的美酒,每一道沟坎都成了他诗句的源泉。他文字里那些明亮的妩媚原来是那么深情、隽永,因为其间的一笔一画都是他踏破苦难的履痕。

苦难是把双刃剑,它会割伤你,但也会帮助你。

帕格尼尼,世界超级小提琴家。他是一位在苦难的琴弦下把生命之歌演奏到极致的人。

4岁时一场麻疹和强直性昏厥症让他险些就此躺进棺材。7岁患上严重肺炎,只得大量放血治疗。46岁因牙床长满脓疮,拔掉了大部分牙齿。其后又染上了可怕的眼疾。50岁后,关节炎、喉结核、肠道炎等疾病折磨着他的身体与心灵。后来声带也坏了。他仅活到57岁,就口吐鲜血而亡。

身体的创伤不仅仅是他苦难的全部。他从13岁起,就在世界各地过着流浪的生活。他曾一度将自己禁闭,每天疯狂地练琴,几乎忘记了饥饿和死亡。

像这样的一个人,这样一个悲惨的生命,却在琴弦上奏出了最美妙的音符。3岁学琴,12岁首场个人音乐会。他令无数人陶醉,令无数人疯狂!

乐评家称他是"操琴弓的魔术师"。歌德评价他:"在琴弦上展现了火一样的灵魂。"李斯特大喊:"天哪,在这四根琴弦中包含着多少苦难、痛苦与受到残害的生灵啊!"苦难净化心灵,悲剧使人崇高。也许上帝成就天才的方式,就是让他在苦难这所大学中进修。

弥尔顿、贝多芬、帕格尼尼——世界文艺史上的三大怪杰,一个成了瞎子,一个成了聋子,一个成了哑巴!这就是最好的例证。

苦难,在这些不屈的人面前,会化为一种礼物,一种人格上的成熟与伟岸,一种意志上的顽强和坚韧,一种对人生和生活的深刻认识。然而,对更多人来说,苦难是噩梦,是灾难,甚至是毁灭性的打击。

　　其实对于每一个人,苦难都可以成为礼物或是灾难。你无须祈求上帝保佑,菩萨显灵。选择权就在你自己手里。一个人的尊严之处,就是不轻易被苦难压倒,不轻易因苦难放弃希望,不轻易让苦难占据自己蓬勃向上的心灵。

　　用你的坚韧和不屈,你真的可以自由选择经历哪一种苦难。

魔力悄悄话

　　苦难是一柄双刃剑,它能让强者更强,练就出色而几近完美的人格;但是同时它也能够将弱者一剑削平,从此倒下。

# 要勇于战胜逆境中的苦难

重要的是你如何看待发生在你身上的事,而不是到底发生了什么。

如果一个人在 46 岁的时候,因意外事故被烧得不成人形,四年后又在一次坠机事故后腰部以下全部瘫痪,他会怎么办? 再后来,你能想象他变成百万富翁、受人爱戴的公共演说家、洋洋得意的新郎及成功的企业家吗? 你能想象他去泛舟、玩跳伞、在政坛角逐一席之地吗?

米契尔全做到了,甚至有过之而无不及。在经历了两次可怕的意外事故后,他的脸因植皮而变成一块"彩色板",手指没有了,双腿如此细小,无法行动,只能瘫痪在轮椅上。

意外事故把他身上 65% 以上的皮肤都烧坏了,为此他动了 16 次手术。手术后,他无法拿起叉子,无法拨电话,也无法一个人上厕所。但以前曾是海军陆战队员的米契尔从不认为他被打败了,他说:"我完全可以掌握我自己的人生之船,我可以选择把目前的状况看成倒退或是一个起点。"六个月之后,他又能开飞机了。

米契尔为自己在科罗拉多州买了一幢维多利亚式的房子,还买了一架飞机及一家酒吧。后来他和两个朋友合资开了一家公司,专门生产以木材为燃料的炉子,这家公司后来变成佛蒙特州第二大私人公司。坠机意外发生后四年,米契尔所开的飞机在起飞时又摔回跑道,把他背部的 12 块脊椎骨全压得粉碎,腰部以下永远瘫痪。"我不解的是为何这些事老是发生在我身上,我到底是造了什么孽? 要遭到这样的报应?"米契尔说。

米契尔仍不屈不挠,日夜努力使自己能达到最高限度的独立自主,他被选为科罗拉多州孤峰顶镇的镇长,以保护小镇的美景及环境,使之不因矿产的开采而遭受破坏。米契尔后来也竞选国会议员,他用一句"不只是另一张小白脸"的口号,将自己难看的脸转化成一笔有利的资产。

尽管面貌骇人、行动不便,米契尔却坠入爱河,并且完成了终身大事,也拿到了公共行政硕士学位,并继续着他的飞行活动、环保运动及公共演说。

米契尔说:"我瘫痪之前可以做1万件事,现在我只能做9000件事,我可以把注意力放在我无法再做好的1000件事上,或是把目光放在我还能做的9000件事上。告诉大家,我的人生曾遭受过两次重大的挫折,如果我能选择不把挫折拿来当成放弃努力的借口,那么,或许你们可以用一个新的角度来看待一些一直让你们裹足不前的经历。你可以退一步,想开一点,然后你就有机会说:'或许那也没什么大不了的。'"

记住:"重要的是你如何看待发生在你身上的事,而不是到底发生了什么。"

在追求成功的过程中,还需正确面对失败。乐观和自我超越就是能否战胜自卑、走向自信的关键。正如美国通用电气公司创始人沃特所说:"通向成功的路,即把你失败的次数增加一倍。"但失败对人毕竟是一种"负性刺激",会使人产生不愉快、沮丧、自卑。

面对挫折和失败,唯有乐观积极的持久心,才是正确地选择。其一,采用自我心理调适法,提高心理承受能力;其二,注意审视、完善策略;其三,用"局部成功"来激励自己;其四,做到坚忍不拔,不因挫折而放弃追求。

要战胜失败所带来的挫折感,就要善于挖掘、利用自身的"资源"。应该说当今社会已大大增加了这方面的发展机遇,只要敢于尝试,勇于拼搏,就一定会有所作为。虽然有时个体不能改变"环境"的"安排",但谁也无法剥夺其作为"自我主人"的权利。屈原遭放逐乃作《离骚》;司马迁受宫刑乃成《史记》,就是因为他们无论什么时候都不气馁、不自卑,都有坚韧不拔的意志。有了这一点,就会挣脱困境的束缚,迎来光明的前景。

若每次失败之后都能有所"领悟",把每一次失败都当作成功的前奏,那么就能化消极为积极,变自卑为自信。作为一个现代人,应具有迎接失败的心理准备。世界充满了成功的机遇,也充满了失败的风险,所以要树立持久心,以不断提高应付挫折与干扰的能力,调整自己,增强社会适应力,坚信失败乃成功之母。

成功之路难免坎坷和曲折,有些人把痛苦和不幸作为退却的借口,也有人在痛苦和不幸面前寻得复活和再生。只有勇敢地面对不幸和超越痛苦,永葆青春的朝气和活力,用理智去战胜不幸,用坚持去战胜失败,我们才能真正成为自己命运的主宰,成为掌握自身命运的强者。

其实失败就是强者和弱者的一块试金石,强者可以愈挫愈坚,弱者则是一蹶不振。想成功,就必须面对失败,必须在千万次失败面前站起来。

## 魔力悄悄话

人生之路,不如意事常八九,一帆风顺者少,曲折坎坷者多,成功是由无数次失败构成的。

# 人生需要逆境,更需要逆境中的苦难

一位大学者说过:"苦难是一所学校,真理在里面总是变得强有力。"

一个屡屡失意的年轻人不远万里来到一座名刹,慕名寻到高僧慧圆大师,沮丧地对大师说:"人生总不如意,活着也是苟且,有什么意思呢?"

慧圆静静听着年轻人的叹息和絮叨,最后吩咐小和尚说:"施主远道而来,烧一壶温水送过来。"

稍倾,小和尚送来了一壶温水,慧圆抓了茶叶放进杯子,然后用温水沏了,放在茶几上,微笑着请年轻人喝茶。杯子冒出微微的水汽,茶叶静静浮着。年轻人困惑地询问:"宝刹怎么用温水泡茶?"

慧圆笑而不语,年轻人喝一口细品,不由摇摇头:"一点茶香都没有。"慧圆说:"这可是闽地名茶铁观音啊。"年轻人又端起杯子品尝,然后肯定地说:"真的没有一丝茶香。"

慧圆又吩咐小和尚:"再去烧一壶沸水送过来。"稍倾,小和尚便提着一壶冒着浓浓白气的沸水进来。慧圆起身,又取过一个杯子,放茶叶,倒沸水,再放在茶几上。年轻人俯首看去,茶叶在杯子里上下沉浮,丝丝清香不绝如缕,望而生津。

年轻人欲去端杯,慧圆作势挡开,又提起水壶注入一线沸水。茶叶翻腾得更厉害了,一缕更醇厚、更醉人的茶香袅袅升腾,在禅房里弥漫开来。慧圆如是注了六次水,杯子终于满了,那绿绿的一杯茶水,端在手上清香扑鼻,入口沁人心脾。

慧圆笑着问:"施主可明白,同是铁观音,为什么茶味迥异吗?"

年轻人思忖着说:"一杯用温水,一杯用沸水,冲沏的水不同。"

慧圆点头:"用水不同,则茶叶的沉浮就不一样。温水沏茶,茶叶轻浮水上,怎会散发清香?沸水沏茶,反复几次,茶叶沉沉浮浮,最后释放出四季的风韵:既有春的幽静、夏的炽热,又有秋的丰盈和冬的清冽。世间芸芸众生,又何尝不是沉浮的茶叶呢?那些不经风雨的人,就像温水沏的茶叶,只能在生活表面漂浮,根本浸泡不出生命的芳香;而那些栉风沐雨的人,如同被沸水冲沏的茶,在沧桑岁月里几度沉浮,才有那沁人的清香。"

人生之路漫漫长,充满了鲜花,也充满了荆棘;充满了幸福,也充满了痛苦。

不测是时时刻刻都存在的,学业的失意、疾病的折磨、自信的受损、亲人离去的悲痛……在踏上人生路途的时候就该明白前途的坎坷。要接受温润的春和赤烈的夏,就必须接受清冷的秋和寒冽的冬,正像茶叶一样,我们要坦然面对沉浮,让生命散发芳香……

## 魔力悄悄话

苦难是一所学校,每一个渴望成功的人都需要到其中接受教育。历经风雨的洗礼,生命才能常驻常新。

# 用抗逆力战胜苦难，获得成功

苦难对于弱者是一个深渊，而对于天才来说则是一块垫脚石。

美国前总统克林顿并不算是天才人物，但他能登上美国总统的宝座，与他个人的勤奋和磨炼不无关系。

克林顿的童年很不幸。他出生前四个月，父亲死于一次车祸。他母亲因无力养家，只好把出生不久的他托付给自己的父母抚养。童年的克林顿受到外公和舅舅的深刻影响。他自己说，他从外公那里学会了忍耐和平等待人，从舅舅那里学到了说到做到的男子汉气概。他 7 岁随母亲和继父迁往温泉城，不幸的是，双亲之间常因意见不合而发生激烈冲突，继父嗜酒成性，酒后经常虐待克林顿的母亲，小克林顿也经常遭其斥骂。这给从小就寄养在亲戚家的小克林顿的心灵蒙上了一层阴影。

坎坷的童年生活，使克林顿形成了尽力表现自己，争取别人喜欢的性格。他在中学时代非常活跃，一直积极参与班级和学生会活动，并且有较强的组织和社会活动能力。他是学校合唱队的主要成员，而且被乐队指挥定为首席吹奏手。

1963 年夏，他在"中学模拟政府"的竞选中被选为参议员，应邀参观了首都华盛顿，这使他有机会看到了"真正的政治"。参观白宫时，他受到了肯尼迪总统的接见，不但同总统握了手，而且还和总统合影留念。

此次华盛顿之行是克林顿人生的转折点，使他的理想由当牧师、音乐家、记者或教师转向了从政，梦想成为肯尼迪第二。

有了目标和坚强的意志，克林顿此后三十年的全部努力，都紧紧围绕这个目标。上大学时，他先读外交，后读法律——这些都是政治家必须具备的知识修养。离开学校后，他一步一个脚印，律师、议员、州长，最后达到了政治家的巅峰——总统。

　　人生来都希望在一个平和顺利的环境中成长,但上帝并不喜爱安逸的人们,他要挑选出最杰出的人物,于是他让这些人历经磨难,千锤百炼终于成金。

## 魔力悄悄话

　　一个人若想有所成就,那么苦难就成为一道你必须超越的关卡。就像神话中所说的那样,那条鲤鱼必须跳过龙门,才能超越自我、化身为龙,人生又何尝不是如此。

# 用苦难,磨炼自己的抗逆力

生命不会是一帆风顺的,任何人都会遇到逆境。从某种意义上说,经历苦难是人生的不幸,但同时,如果你能够正视现实,从苦难中发现积极的意义,充分利用机会磨炼自己,你的人生将会得到不同寻常的升华。

我们可以看看下面这则故事:

由于经济破产和从小落下的残疾,人生对格尔来说已索然无味了。

在一个晴朗日子,格尔找到了牧师。牧师现在已疾病缠身,脑出血彻底摧残了他的健康,并遗留下右侧偏瘫和失语等症,医生们断言他再也不能恢复说话能力了。然而仅在病后几周,他就努力学会了重新讲话和行走。

牧师耐心听完了格尔的倾诉。"是的,不幸的经历使你心灵充满创伤,你现在生活的主要内容就是叹息,并想从叹息中寻找安慰。"他闪烁的目光始终燃烧着格尔,"有些人不善于抛开痛苦,他们让痛苦缠绕一生直至幻灭。但有些人能利用悲哀的情感获得生命悲壮的感受,并从而对生活恢复信心。"

"让我给你看样东西。"他向窗外指去。那边矗立着一排高大的枫树,在枫树间悬吊着一些陈旧的粗绳索。他说:"六十年前,这儿的庄园主种下这些树护卫牧场,他在树间牵拉了许多粗绳索。对于幼树嫩弱的生命,这太残酷了,这种创伤无疑是终身的。有些树面对残酷的现实,能与命运抗争;而另一些树消极地诅咒命运,结果就完全不同了。"

他指着一棵被绳索损伤并已枯萎的老树:"为什么有些树毁掉了,而这一棵树已成为绳索的主宰而不是其牺牲品呢?"

眼前这棵粗壮的枫树看不出有什么疤痕,格尔所看到的是绳索穿过树干——几乎像钻了一个洞似的，真是一个奇迹。

"关于这些树，我想过许多。"牧师说，"只有体内强大的生命力才可能战胜像绳索带来的那样终身的创伤，而不是自己毁掉这宝贵的生命。"沉思了一会儿后，牧师说："对于人，有很多解忧的方法。在痛苦的时候，找个朋友倾诉，找些活干；对待不幸，要有一个清醒而客观的全面认识，尽量抛掉那些怨恨的情感负担。有一点也许是最重要的，也是最困难的——你应尽一切努力愉悦自己，真正地爱自己，并抓住机会磨炼自己。"

在遇到挫折困苦时，我们不妨聪明一些，找方法让精神伤痛远离自己的心灵，利用苦难来磨炼自己的意志。尽一切努力愉悦自己，真正地爱自己。我们的生命就会更丰盈，精神会更饱满，我们就可能会拥有一个辉煌壮美的人生。

魔力悄悄话

对于一个人来说，苦难确实是残酷的，但如果你能充分利用苦难这个机会来磨炼自己，苦难会馈赠给你很多。

# 克服逆境中的苦难,你将成为生活的强者

拿破仑说:"我只有一个忠告——做你自己的主人。"

习惯抱怨生活太苦的人,是不是也能说一句这样的豪言壮语:我已经历了那么多的磨难,眼下的这一点痛又算得了什么?!

我们在埋怨自己生活多磨难的同时,不妨想想下面这位老人的人生经历,或许还有更多多灾多难的人们,与他们相比我们的困难和挫折算什么呢? 自强起来,生命就会站立不倒。

德国有一位名叫班纳德的人,在风风雨雨的五十年间,他遭受了200多次磨难的洗礼,从而成为世界上最倒霉的人,但这些也使他成为世界上最坚强的人。

他出生后十四个月,摔伤了后背;之后又从楼梯上掉下来摔残了一只脚;再后来爬树时又摔伤了四肢;一次骑车时,忽然一阵不知从何处而来的大风,把他吹了个人仰车翻,膝盖又受了重伤;13 岁时掉进了下水道,差点窒息;一次,一辆汽车失控,把他的头撞了一个大洞,血如泉涌;又有一辆垃圾车,倒垃圾时将他埋在了下面;还有一次他在理发屋中坐着,突然一辆飞驰的汽车撞了进来……

他一生倒霉无数,在最为晦气的一年中,竟遇到了 17 次意外。

但更令人惊奇的是,老人至今仍旧健康地活着,心中充满着自信,因为他经历了 200 多次磨难的洗礼,他还怕什么呢?

"自古雄才多磨难,从来纨绔少伟男",人们最出色的工作往往是在挫折逆境中做出的。我们要有一个辩证的挫折观,经常保持自信和乐观的态度。挫折和教训使我们变得聪明和成熟,正是失败本身才最终造就了成功。我们要悦纳自己和他人他事,要能容忍挫折,学会自我宽慰,心怀坦

荡、情绪乐观、满怀信心地去争取成功。

如果能在挫折中坚持下去，挫折实在是人生不可多得的一笔财富。有人说，不要做在树林中安睡的鸟儿，而要做在雷鸣般的瀑布边也能安睡的鸟儿，就是这个道理。逆境并不可怕，只要我们学会去适应，那么挫折带来的逆境，反而会给我们以进取的精神和百折不挠的毅力。

挫折让我们更能体会到成功的喜悦，没有挫折我们不懂得珍惜，没有挫折的人生是不完美的。

世事常变化，人生多艰辛。在漫长的人生之旅中，尽管人们期盼能一帆风顺，但在现实生活中，却往往令人不期然地遭遇逆境。

逆境是理想的幻灭、事业的挫败；是人生的暗夜、征程的低谷。就像寒潮往往伴随着大风一样，逆境往往是通过名誉与地位的下降、金钱与物资的损失、身体与家庭的变故而表现出来的。逆境是人们的理想与现实的严重背离，是人们的过去与现在的巨大反差。

每个人都会遇到逆境，以为逆境是人生不可承受的打击的人，必不能挺过这一关，可能会因此而颓废下去；而以为逆境只不过是人生的一个小坎儿的人，就会想尽一切办法去找到一条可迈过去的路。这种人，多迈过几个小坎儿的，就会不怕大坎儿，就能成大事。

传说上帝造物之初，本打算让猫与老虎两师徒一道做万兽之王。上帝为考察它们的才能，放出了几只老鼠，老虎全力以赴，很干脆地就将老鼠捉住吃掉了。猫却认为这是大材小用，上帝小看了自己，心中不平，于是很不用心，捉住了老鼠再放开，玩弄了半天才把老鼠杀死。

考察的结果是：上帝认为猫太无能，不可做兽王，就让它身躯变小，专捉老鼠；而虎能全力以赴，做事认真，因此可以去统治山林，做百兽之王。

这则寓言告诉我们：世事艰辛，不如意者十有八九，不必因不平而泄气，也不必因逆境而烦恼，只要自己努力，机会总会有的。

面对逆境，不同的人有着不同的观点和态度。就悲观者而言，逆境是生存的炼狱，是前途的深渊；就乐观的人而言，逆境是人生的良师，是前进的阶梯。逆境如霜雪，它既可以凋叶摧草，也可使菊香梅艳；逆境似激流，它既可以溺人殒命，也能够济舟远航。逆境具有双重性，就看人怎样正确地去认识和把握。

　　古往今来,凡立大志、成大功者,往往都饱经磨难,备尝艰辛。逆境成就了"天将降大任"者。

# 魔力悄悄话

　　如果我们不想在逆境中沉沦,那么我们便应直面逆境,奋起抗争,只要我们能以坚韧不拔的意志奋力拼搏,就一定能冲出逆境。

# 珍惜逆境中的苦难

当你埋怨被苦日子折磨时,你是否想过,其实这境遇只是由于你不认真对待生活造成的呢? 日子难过,更要认真地过。

有个学者说过:"人生的棋局,只有到了死亡才会结束,只要生命还存在,就有挽回棋局的可能。"

生活拮据,日子难过,大部分人的生活都过得很辛苦。但是,在你埋怨苦日子折磨人的时候,不妨仔细想想,在这些难过的日子当中,你认真生活了几天?

地铁上,两个年纪40岁左右的女人在说话,一个说:"这日子真的是没法过下去了,我真是再也受不了了。他居然跟我说要把房子卖了,你想想,把房子卖了我们住到哪里去啊? 没想到跟了他这么多年,现在居然落到这样的田地。"

另一个说:"那不行啊,就算是把房子卖了,这样下去也是坐吃山空,还是要想办法让他出去工作才行。"

"谁说不是呢?! 可是他要是肯听我的就好了。现在他什么朋友都没有,什么人也不愿意见,整天待在家里,随时都会发火,我都烦死了。这样的日子难过死了,死了倒还痛快了。"

"唉……"

原来这个家里的男主人,下岗了之后也找过几个工作,但做了一段时间都不成功,意志愈加消沉。于是女主人对他越来越不满意,软的硬的都没什么用,于是家里开始硝烟弥漫,大吵小吵没有断过。

眼看着家里就女主人一个人上班以维持家用,她心里也着急,可是又不知道用什么方法来让老公重整旗鼓。男主人于是提出把房子卖了租房子住,于是又展开了新一轮的战争。

女人开始感叹,当初怎么嫁了这样的男人。"我有时真的想一刀把他给砍了!"她说,"这日子过不下去了!"

人生就是这样:苦多于乐!

美国教育学家乔治·桑塔亚纳说:"人生既不是一幅美景,也不是一席盛宴,而是一场苦难。"不幸的是,当你来到这世界那一天,没有人会送你一本生活指南,教你如何应付命运多舛的人生。

也许青春时期的你曾经期待长大成人以后,人生会像一场热闹的派对,但在现实世界经历了几年风雨后,你会幡然醒悟,人生的道路原来布满荆棘。

无论你是老是少,都请不要奢望生活越过越顺遂,因为你会发现大家的日子都很难熬。再怎么才华横溢、腰缠万贯,照样逃离不了挫折、困顿。人人都要经历某种程度的压力和痛苦,而且难保不会遇上疾病、天灾、意外、死亡及其他不幸,谁都无法做到完全免疫,就算成功人士也会承认这是个需要辛苦打拼的世界。精神分析学家荣格主张:人类需要逆境,逆境是迈向身心健康的必要条件。他认为遭遇困境能帮助我们获得完整的人格与健全的心灵。

人的一生总有许多波折,要是你觉得事事如意,大概是误闯了某条单行道。也许你曾拥有一段诸事顺利的日子,于是志得意满的你开始以为你已看穿人生是怎么回事,一切如鱼得水,悠游自在。可惜就在你相信自己蒙天赐之福时,却发生了好运化为乌有的意外。

美国作家诺瑞丝拥有一套轻松面对生活的法则:人生比你想象中好过,只要接受困难、量力而为、咬紧牙关就过去了。你跨出的每一步,都能助你完成学习之旅。面临生活考验时,耐力越高,通过的考验也越多。所以要放松心情,靠意志力和自信心冲破难关。

保持积极的人生观,可以帮助你了解逆境其实很少危害生命,只会引起不同程度的愤慨,何况一定的压力也有好处。舒适安逸的生活无法带给人快乐与满足,人生若是少了有待克服的障碍、有待解决的问题、有待追求的目标、有待完成的使命,便毫无成就感可言了。

## 抗逆力——轻舟已过万重山

人生是一场学习的过程，接二连三的打击则是最好的生活导师。享乐与顺境无法锻炼人格，逆境却可以。一旦征服了难关，遇到再糟的情况也不会惊慌。

## 魔力悄悄话

人生有甘也有苦，物质环境的优劣与生活困厄的程度毫无瓜葛，重要的是我们对环境采取何种反应。接受好花不常开的事实，日子会优哉许多，记住这句话：人生苦多于乐，一不必太在乎。

# 苦难是铸就抗逆力的基石

世界上最强大、最有可能取得成功的人，就是坚韧不拔的人。

生活陷入困顿，人生陷入低谷，这个时候你在想些什么？就打算这样过一辈子吗？

无论你现在的境况如何，都要保持坚韧不拔、百折不挠的精神。

莎莉·拉斐尔是美国著名的电视节目主持人，曾经两度获奖，在美国、加拿大和英国每天有 800 万观众收看她的节目。可是她在三十年的职业生涯中，却曾被辞退 18 次。

刚开始，美国的无线电台都认定女性主持不能吸引观众，因此没有一家愿意雇佣她。她便迁到波多黎各，苦练西班牙语。有一次，多米尼亚共和国发生暴乱事件，她想去采访，可通讯社拒绝她的申请，于是她自己凑足旅费飞到那里，采访后将报道卖给电台。

1981 年她被一家纽约电台辞退，无事可做的时候，她有了一个节目构想。虽然很多国家广播公司觉得她的构想不错，但碍于她是女性，所以最终还是放弃了她的构想，最后她终于说服了一家公司，受到了雇佣，但她只能在政治台主持节目。尽管她对政治不熟，但还是勇敢尝试。1982 年夏，她的节目终于开播。她充分发挥自己的长处，畅谈 7 月 4 日美国国庆对自己的意义，还请观众打来电话互动交流。令人意想不到的是，节目很成功，观众非常喜欢她的主持方式，所以她很快成名了。

当别人问她成功的经验时，她发自内心地说："我被人辞退了 18 次，本来大有可能被这些遭遇所吓退，做不成我想做的事情。结果相反，我让它们鞭策我前进。"

正是这种不屈不挠的性格使莎莉在逆境中避免了一蹶不振、默默无闻的一生,走向了成功。

任何成功的人在达到成功之前,没有不遭遇失败的。爱迪生在经历了一万多次失败后才发明了灯泡;而乔纳斯·沙克也是在试用了无数介质之后,才培养出小儿麻痹疫苗。

"你应把挫折当作是使你发现你思想的特质,以及你的思想和你明确目标之间关系的测试机会。"如果你真能理解这句话,它就能调整你对逆境的反应,并且能使你继续为目标努力,挫折绝对不等于失败,除非你自己这么认为。

爱默生说过:"我们的力量来自我们的软弱,直到我们被戳、被刺,甚至被伤害到疼痛的程度时,才会唤醒包藏着神秘力量的愤怒。伟大的人物总是愿意被当成小人物看待,当他坐在占有优势的椅子中时会昏昏睡去,当他被摇醒、被折磨、被击败时,便有机会可以学习一些东西了;此时他必须运用自己的智慧,发挥他的刚毅精神,他会了解事实真相,从他的无知中学习经验,治疗好他的自负精神病。最后,他会调整自己并且学到真正的技巧。"

## 魔力悄悄话

无论经历怎样的失败和挫折,你都要从精神上去战胜它,别把它当一回事,甩甩手从头再来,成功终究会来临。

# 换个角度看待逆境中的苦难

一个人要想改变自己的命运,必须首先改变自己的视角。生活中的难题也许在你改变了视角之后,就不难了。

1941 年,美国洛杉矶。

深夜,在一间宽敞的摄影棚内,一群人正在忙着拍摄一部电影。

"停!"刚开拍几分钟,年轻的导演就大喊起来,一边做动作一边对着摄影师大声说:"我要的是一个大仰角,大仰角,明白吗?"

又是大仰角!这个镜头已经反复拍摄了十几次,演员、录音师……所有的工作人员都已累得筋疲力尽。可是这位年轻的导演总是不满意,一次次地大声喊"停",一遍遍地向着摄影师大叫"大仰角"!

此时,已是扛着摄影机趴在地板上的摄影师再也无法忍受这个初出茅庐的小伙子,站起来大声吼道:"我趴得已经够低了,你难道不明白吗?"

周围的工作人员都停下了手中的工作,有些幸灾乐祸地看着他们。年轻的导演镇定地盯着摄影师,一句话也没有说,突然,他转身走到道具旁,捡起一把斧子,向着摄影师快步走了过去。

人们不知道这位年轻的导演会做怎样的蠢事。就在人们目瞪口呆的注视下,在周围人的惊呼声中,只见年轻的导演抡起斧子,向着摄影师刚才趴过的木制地板猛烈地砍去,一下、两下、三下……把地板砸出一个窟窿。

导演让摄影师站到洞中,平静地对他说:"这就是我要的角度。"就这样,摄影师蹲在地板洞中,无限降低镜头,拍出了一个前所未有的大仰角,一个从未有人拍出的镜头。

这位年轻的导演名叫奥逊·威尔斯,这部电影是《公民凯恩》。电影因大仰拍、大景深、阴影逆光等摄影创新技术及新颖的叙事方式,被誉为美国

## 抗逆力——轻舟已过万重山

有史以来最伟大的电影之一,至今仍是美国电影学院必备的教学影片。

　　拍电影是这样,对待人生更是如此,如果你的视角很低、很小,你怎么能看到难过的日子后面的希望和快乐呢?

## 魔力悄悄话

　　改变你的视角,你就能看见一个不一样的人生,拥有一个不一样的人生!

# 没有战胜不了的逆境和困难

生活中,我们每时每刻都会遇到各种各样的问题,这些问题时刻折磨着我们的神经,使我们疲于应付,甚至在遇到很大的困难时,我们往往认为自己再也支撑不下去了。这时候,一定要坚信,人生没有解决不了的问题。

某大学的数学教师每天给他的一个学生出 3 道数学题,作为课外作业给他回家后去做,第二天早晨再交上来。有一天,这个学生回家后,才发现教师今天给了他 4 道题,而且最后一道似乎颇有些难度。他想:以前每天的 3 道题,他都很顺利地完成了,从未出现过任何差错,早该增加点分量了。

于是,他志在必得,满怀信心地投入到解题的思路中……天亮时分,他终于把这道题给解决了。但他还是感到一些内疚和自责,认为辜负了老师多日的栽培——一道题竟然做了几个小时。

谁知,当他把这 4 道已解的题一并交给老师时,老师惊呆了——原来,最后那道题竟是一道在数学界流传百年而无人能解的难题,老师把它抄在纸上,也只是出于好奇心。结果,不经意竟把它与另外三道普通题混在一起,交给了这个学生。这个学生却在不明实情的前提下,意外地把它给攻克了。假如这个学生知道这道题的来历,他还会在一夜之间将它攻克吗?

**魔力悄悄话**

是问题就一定有答案,只要你努力寻找,就一定能够找到正确的解决方法。

# 没有无穷尽的逆境

如果你总是认为某件事是"不可能"的,那说明你一定没有去努力争取,因为这世上本来就没有"不可能"。

螃蟹可以吃吗? 不可能。那你就错了,很快就出现了第一个吃螃蟹的人。

拿破仑·希尔年轻时买下一本字典,然后剪掉了"不可能"这个词,从此他有了一本没有"不可能"的字典,而他也就成了成功学大师。其实,把"不可能"从字典里剪掉,只是一个形象的比喻,关键是要从你的心中把这个观念铲除掉。并且,在我们的观念中排除它,想法中排除它,态度中去掉它、抛弃它,不再为它提供理由,不再为它寻找借口,把这个字和这个观念永远地抛弃,而用光辉灿烂的"可能"来替代它。

比如汤姆·邓普西,他就是将"不可能"变为"可能"的典型。汤姆·邓普西生下来的时候,只有半只左脚和一只畸形的右手。父母从来不让他因为自己的残疾而感到不安。结果是任何男孩能做的事他也能做,如果童子军团行军 5 千米,汤姆也同样能走完 5 千米。

后来他想玩橄榄球,他发现,他能把球踢得比别的男孩子更远。他要人为他专门设计一只鞋子,参加了踢球测验,并且得到了冲锋队的一份合约。但是教练却尽量婉转地告诉他,说他"不具有做职业橄榄球员的条件",促请他去试试其他的事业。最后他申请加入新奥尔良圣徒队,并且请求给他一次机会。教练虽然心存怀疑,但是看到这个男孩这么自信,对他有了好感,因此就收了他。两个星期之后,教练对他的好感更深,因为他在一次友谊赛中将球踢出 55 码远得分。这种情形使他获得了专为圣徒队踢球的工作,而且在那一赛季中为他所在的队踢得了 99 分。

　　然后到了最伟大的时刻,球场上坐满了6.6万名球迷。圣徒队比分落后,球是在28码线上,比赛只剩下了几秒钟,球队把球推进到45码线上,但是完全可以说没有时间了。"汤姆,进场踢球!"教练大声说。当汤姆进场的时候,他知道他的队距离得分线有63码远,也就是说他要踢出63码远,在正式比赛中踢得最远的纪录是55码,是由巴尔迪摩雄马队毕特·瑞奇踢出来的。但是,邓普西心里认为他能踢出那么远,而且是完全有可能的,他这么想着,加上教练又在场外为他加油,他充满了信心。

　　正好,球传接得很好,邓普西一脚全力踢在球上,球笔直地前进。6.6万名球迷屏住气观看,接着终端得分线上的裁判举起了双手,表示得了3分,球在球门横杆之上几厘米的地方越过,圣徒队以19:17获胜。球迷狂呼乱叫——为踢得最远的一球而兴奋,这是只有半只脚和一只畸形的手的球员踢出来的!

　　"真是难以相信!"有人大声叫,但是邓普西只是微笑。他想起他的父母,他们一直告诉他的是他能做什么,而不是他不能做什么。他之所以创造出这么了不起的纪录,正如他自己说的:"他们从来没有告诉我,我有什么不能做的。"

魔力悄悄话

　　永远也不要消极地认定什么事情是不可能的,首先你要认为你能,再去尝试、再尝试,要知道,世上没有什么是不可能的。

# 在逆境中抓住磨炼抗逆力的机遇

遇到不幸时,不要总是习惯于把自己放在一个弱者的地位上,等待着别人的同情。然后等着别人来拯救你,这样的话,只会让你一直处于遭人唾弃、鄙视的地位不能翻身。只有自强自立,把不幸当作一次机遇,你才能走出不幸的泥潭。

别林斯基说:"不幸是一所最好的大学。"自知者明,自强者胜。自强者可以征服山,就是跋山涉水也在所不惜;弱者就是面对一张薄纸,也不愿伸手戳破,去达到自己的目的。谁的一生都有挫折,自强者自然把挫折当玩具,戏之笑之,淡然视之,强者自强;而弱者把挫折当大山,多是惧之怕之,闭目待之,终是弱者更弱。调整你的心态,把不幸当作机遇,你就能战胜不幸,取得成功。

加拿大第一位连任两届总理的让·克雷蒂安小的时候,说话口吃,曾因疾病导致左脸局部麻痹,嘴角畸形,讲话时嘴巴总是向一边歪,而且还有一只耳朵失聪。

听一位有名的医学专家说,嘴里含着小石子讲话可以矫正口吃,克雷蒂安就整日在嘴里含着一块小石子练习讲话,以致嘴巴和舌头都被石子磨烂了。母亲看后心疼得直流眼泪,她抱着儿子说:"克雷蒂安,不要练了,妈妈会一辈子陪着你。"克雷蒂安一边替妈妈擦着眼泪,一边坚强地说:"妈妈,听说每一只漂亮的蝴蝶,都是自己冲破束缚它的茧之后才变成的。我一定要讲好话,做一只漂亮的蝴蝶。"

功夫不负有心人,经过长久的磨炼,克雷蒂安终于能够流利地讲话了。他勤奋、善良,中学毕业时,他不仅取得了优异的成绩,而且还获得了极好的人缘。

1993 年 10 月,克雷蒂安参加全国总理大选时,他的对手大力攻击、嘲笑他的脸部缺陷,对手曾极不道德、带有人格侮辱地说:"你们要这样的人来当你们的总理吗?"然而,对手的这种恶意攻击招致大部分选民的愤怒和谴责。当人们知道克雷蒂安的成长经历后,都给予他极大的同情和尊敬。在竞争演说中,克雷蒂安诚恳地对选民说:"我要带领国家和人民成为一只美丽的蝴蝶。"最后他以极高的票数当选为加拿大总理,并在 1997 年成功地获得连任,被加拿大人民亲切地称为"蝴蝶总理"。

开启宝藏之门的钥匙就在自己的手中,轻言放弃,这些宝藏就永无见天之日。也许你现在并不如意,但永远不能放弃的是成功的决心和斗志,更为关键的是你能不能正确地意识到什么是自己最擅长的,尽管因为现实的某些原因处于困境之中,但总要设法找到自己的宝藏,并努力去开采它。

成功人士都是不惧怕困境的,他们总是把一次次不幸当作一次次机遇。面对长期的困境,他们或默默耕耘,或摇旗呐喊。他们凭着一副熬不垮的神经,一腔无所畏惧的勇气,振作精神,发奋苦干,以图早日突破困境的牢笼。目不能二视,耳不能二听,手不能二事。全神贯注于你所期望的目标,你就一定能够如愿以偿。如果你是个缺乏耐性、不能坚持,做什么事都半途而废,要别人替你收拾残局的人,你应当在行动之前细心思索,不可贸然开始工作,免得骑虎难下。"水滴石穿,绳锯木断",水和石比,绳和木比,硬度显然相差太远,然而只要你不轻言放弃,把不幸当作机遇看待,全力做好一件事,天长日久,石头也会被水滴穿,木头也会被绳锯断。人做事也是这样,只要全神贯注地做一件事,就可以把事情做得比较完美,甚至做到完美无缺。

魔力悄悄话

人不能因为不幸的来临而畏缩不前,轻言放弃。而应该把它当作一次机遇,抓住它,发挥它的积极作用,你就可以获得不幸给予你的馈赠。

# 第四章
## 信念在挫折中闪光

　　人是为什么而活?又是什么在支撑着人们努力奋发?其实,这不过就是两个字——信念。信念的力量是伟大的,它支持着人们生活,催促着人们奋斗,推动着人们进步,正是它,创造了世界上一个又一个的奇迹逆境之徒漫漫,好似没有尽头,这个时候,只有你内心的坚定信念才能照亮你前行的路。

# 时刻坚定必然成功的信念

哪怕只有万分之一的机会,你也不要放弃它。很多人都是借此而脱离困境的,你为什么要放弃上天的恩赐呢?

其实,这个世界并不会偏爱任何一个人,上天对任何人都是公平的,就像爱因斯坦所说的那样:"上帝高深莫测,但他并无恶意。"所以,任何一件好事、坏事发生的概率都是一样的,也就是说,如果好事情有可能发生,不管这种可能性多么小,它也是会发生的。

从这个推论中,我们可以得知,成功有时来自很小的机会,当这种机会来临的时候,关键是你是否能够发觉并抓住它。

"不放弃任何一个哪怕只有万分之一可能的机会。"这是著名企业家甘布士的经验之谈。

有一次,甘布士要搭火车去外地,但事先没有买好车票。这时刚好是圣诞前夕,到外地去度假的人很多,因此火车票很难买到。

甘布士夫人打电话到车站询问,答复是全部车票已经卖完,不过如果不怕麻烦的话,可以到车站碰碰运气,看是否有人临时退票。车站还特别强调一句:这种机会或许只有万分之一。

甘布士欣然提了行李赶到车站,可是等了好久,一直没有人退票,甘布士仍然耐心等待。就在火车还有 5 分钟就要开时,一个女人匆忙来退票,因为她家里有急事,旅行只得改期。于是甘布士如愿以偿,搭上了火车。

到了目的地,甘布士给夫人打了一个长途电话:"我抓住了那只有万分之一的机会了,因为我相信,一个不怕吃亏的笨蛋才是真正的聪明人。"

## 抗逆力——轻舟已过万重山

　　甘布士在生活中正是靠着不放弃万分之一机会的执着,终于在芸芸众生中脱颖而出,从一家制造厂的小技师,成为拥有 5 家百货商店的老板,然后又成为企业界举足轻重的人物。

## 魔力悄悄话

　　在通往成功的道路上,处处都有可能被错过的良机,只要你不怕吃亏,善于把握机会,并且努力去奋斗,就一定能实现人生的理想。

# 相信奇迹发生的可能性

别人提到一件新奇的事,你是否有过这样的反应,"不可能!"很多人都有这样的经历。

人在生活中打磨得太久,思维变得僵化,目光变得浑浊,只会亦步亦趋,平庸一世。

在自然界中,有一种十分有趣的动物,叫作大黄蜂。

曾经有许多生物学家、物理学家、社会行为学家联合起来研究这种生物。

根据生物学的观点,所有会飞的动物,其条件必然是体态轻盈、翅膀十分宽大的;而大黄蜂这种生物,却正好跟这个理论反其道而行。大黄蜂的身躯十分笨重,而翅膀却是出奇的短小。

依照生物学的理论来说,大黄蜂是绝对飞不起来的;而物理学家的论调则是,大黄蜂的身体与翅膀比例的这种设计,从空气动力学的观点来看,同样是绝对没有飞行的可能。简单地说,大黄蜂这种生物,根本是不可能飞得起来的。

可是,在大自然中,只要是正常的大黄蜂,却没有一只是不能飞的;甚至于它飞行的速度,并不比其他能飞的动物慢多少。这种现象,仿佛是大自然和科学家们开一个很大的玩笑。

最后,社会行为学家找到了这个问题的答案。很简单,那就是——大黄蜂根本不懂"生物学"与"空气动力学"。

每一只大黄蜂在它成熟之后,就很清楚地知道,它一定要飞起来去觅食,否则就必定会活活饿死! 这正是大黄蜂之所以能够飞得那么好的奥秘。

## 抗逆力——轻舟已过万重山

　　如果你的思维凝滞了，不妨去看看大自然，人在大自然面前才能体会到人生的深邃和世界的神奇，在这个世界上，一切皆有可能，只要你始终坚信这样的信念，你就能创造奇迹！

### 魔力悄悄话

　　一切皆有可能，这是大自然给我们的启示。坚信这一点，你就能创造奇迹。

# 信念是抗逆力的核心

任何时候,你都不要放弃信念,因为信念能够支撑你的行动,助你战胜任何困难。

我们常把信念看成是一些信条,以为它只能在口中说说而已。但是从最基本的观点来看,信念是一种指导原则和信仰,让我们明了人生的意义和方向,信念是人人可以支取,且取之不尽的;信念像一张早已安置好的滤网,过滤我们所看到的世界;信念也像脑子的指挥中枢,指挥我们的脑子,照着我们所相信的,去看事情的变化。

斯图尔特·米尔曾说过:"一个有信念的人,所发出来的力量,不亚于99位仅心存兴趣的人。"这也就是为何信念能开启卓越之门的缘故。

若能好好控制信念,它就能发挥极大的力量,开创美好的未来。

可以说,信念是一切奇迹的萌发点。

在诺曼·卡曾斯所写的《病理的解剖》一书中,说了一则关于20世纪最伟大的大提琴家之一——卡萨尔斯的故事。这是一则关于信念和更新的故事,相信你我都会从中得到启示。

卡曾斯和卡萨尔斯会面的日子,恰在卡萨尔斯90大寿前不久。卡曾斯说,他实在不忍看那老人所过的日子。他是那么衰老,加上严重的关节炎,不得不让人协助穿衣服;呼吸很费劲,看得出患有肺气肿;走起路来颤颤巍巍,头不时地往前颤;双手有些肿胀,十根手指像鹰爪般地勾曲着。从外表看来,他实在是老态龙钟。

就在吃早餐前,他走近钢琴,那是他最擅长的几种乐器之一。他很吃力地坐上钢琴凳,颤抖地把那勾曲肿胀的手指放到琴键上。

霎时,神奇的事发生了。卡萨尔斯突然像完全变了个人似的,显出飞扬的神采,而身体也开始活动并弹奏起来,仿佛是一位神采飞扬的钢琴家。卡曾斯描述说:"他的手指缓缓地舒展移向琴键,好像迎向阳光的树枝嫩芽,他的背脊直挺挺的,呼吸也似乎顺畅起来。"弹奏钢琴的念头完完全全地改变了他的心理和生理状态。当他弹奏巴赫的《钢琴平均律》一曲时,是那么纯熟灵巧,丝丝入扣。随之他奏起勃拉姆斯的协奏曲,手指在琴键上像游鱼一样轻快地滑着。"他整个身子像被音乐融解,"卡曾斯写道,"不再僵直和佝偻,代之的是柔软和优雅,不再为关节炎所苦。"在他演奏完毕,离座而起时,跟他当初就座弹奏时全然不同。他站得更挺,看来更高,走起路来双脚也不再拖着地。他飞快地走向餐桌,大口地吃着饭,然后走出家门,漫步在海滩的清风中。

## 魔力悄悄话

这就是信念的力量,一个有着坚强信念的人,即使衰老和病魔也不能打败他。用信念支撑你的行动,你就能健步向前,拥有一一个充实的人生。

# 坚持信念，就能看到逆境中的希望

时常把希望放在心头，在困难的环境，也不放弃希望，你就可能获得最后的成功。

居里夫人曾经说过："我的最高原则是：不论遇到什么困难，都绝不屈服。"生活中时常会出现不顺的情况，折磨人的逆境在所难免。记住，在任何时候，都不要放弃希望，即使再困难的境况，也要坚持，用希望拥抱心灵，最终你会迎来雨过天晴的那一天。

这是发生在非洲的一个真实的故事。

6 名矿工在很深的井下采煤。突然，矿井坍塌，出口被堵住，矿工们顿时与外界隔绝。

大家你看看我，我看看你，一言不发。他们一眼就能看出自己所处的状况。凭借经验，他们意识到自己面临的最大问题是缺少氧气，如果应对得当，井下的空气还能维持 3 个多小时，最多 3 个半小时。

外面的人一定已经知道他们被困了，但发生这么严重的坍塌就意味着必须重新打眼钻井才能找到他们。在空气用完之前他们能获救吗？这些有经验的矿工决定尽一切努力节省氧气。他们说好了要尽量减少体力消耗，关掉随身携带的照明灯，全部平躺在地上。

在大家都默不作声、四周一片漆黑的情况下，很难估算时间，而且他们当中只有一人有手表。

所有的人都向这个人提问题：过了多长时间了？还有多长时间？现在几点了？

时间被拉长了，在他们看来，2 分钟的时间就像 1 个小时一样，每听到一次回答，他们就感到更加绝望。

他们当中的负责人发现，如果再这样焦虑下去，他们的呼吸会更加急促，这样会要了他们的命。所以他要求由戴表的人来掌握时间，每半小时通报一次，其他人一律不许再提问。

大家遵守了命令。当第一个半小时过去的时候，这人就说："过了半小时了。"大家都喃喃低语着，空气中弥漫着一股愁云惨雾。

戴表的人发现，随着时间慢慢过去，通知大家最后期限的临近也越来越艰难。于是他擅自决定不让大家死得那么痛苦，他在告诉大家第二个半小时到来的时候，其实已经过了45分钟。

谁也没有注意到有什么问题，因为大家都相信他。在第一次说谎成功之后，第三次通报时间就延长到了1个小时以后。他说："又是半个小时过去了。"另外5人各自都在心里计算着自己还有多少时间。

表针继续走着，每过一小时大家都收到一次时间通报。外面的人加快了营救工作，他们知道被困矿工所处的位置，但是，很难在4个小时之内救出他们。

4个半小时到了，救援人员终于挖通了，最可能发生的情况是找到6名矿工的尸体。但他们发现其中5人还活着，只有一个人窒息而死，他就是那个戴表的人。

## 魔力悄悄话

如果我们相信自己会更进一步，那么，成功的机会就会大一些。当希望站出来时，没有什么能与它抗衡。希望的力量可以让生命绝处逢生。

# 再恶劣的逆境也有希望的种子

真的,世界上没有任何力量能像信念那样影响我们的生活。人生到底是喜剧收场还是悲剧落幕,是成功辉煌还是黯然神伤,全在于你保持着什么样的信念。一个没有信念的人,就好比少了马达的渡轮,注定要在汪洋中沉没。信念是决定我们潜能发挥程度的关键,有信念在人生之路上为你牵引,无论你身处多么折磨人的环境,你都能克服,最终走出不利局面,迈向成功的道路。

塞尔玛陪伴丈夫驻扎在一个沙漠的陆军基地里,她丈夫奉命到沙漠里去演习,她一人留在基地的小铁皮房子里。天气很热,她没有人可聊天,周围只有墨西哥人和印第安人,而他们不会说英语。她太难过了,于是写信给父母,想要回家去。父亲的回信只有两行:

*两个人从牢中的铁窗望出去——*

*一个看到满地泥泞,一个却看到满天星星。*

读完信后,她决定要在沙漠中找到星星。

塞尔玛开始和当地人交朋友,他们的反应使她惊讶不已。她对他们的纺织品、陶器表示兴趣,他们就把最喜欢的、舍不得卖给观光客人的纺织品和陶器送给了她。塞尔玛研究那些让人着迷的沙漠植物,又学习有关土拨鼠的常识。她观看沙漠日落,还寻找海螺壳——这些海螺壳是几万年前,这沙漠还是海洋时留下来的……原来难以忍受的环境变成了令她兴奋、流连忘返的奇景。

沙漠里的星星终于闪光了,名为《快乐的城堡》的书也终于出版了。

　　山不转,路转;路不转,人转。上帝关了这扇窗,必会为你开启另一道门。消极者会说:"我只有看见了才会相信。"而积极者会说:"只要我相信,我就会看见。"积极者采取行动,消极者静止不动。同样的半杯水,消极者说它只有一半,积极者说它已经满了一半。因为,积极者往杯里倒水,消极者从杯里取水。

　　如果你拥有坚定的信念,即使面对荒漠的孤独、寂寞的折磨,你也可以转化不利的环境为有利的环境,就像故事中的主人公一样,写出《快乐的城堡》。

### 魔力悄悄话

　　人生的追求、情感的冲撞、进取的热情,可以隐匿却不可以贫乏,可以浑然却不可以清淡。

# 给逆境之中的自己一个走出去的信念

生命中的一些转折点,往往就发生在当我们相信了自己思想的力量之后。

这是一个发生在美国内战期间最奇特的故事。

那个时候的艾迪太太认为生命中只有疾病、愁苦和不幸。她的第一任丈夫,在他们婚后不久就去世了。她的第二任丈夫又抛弃了她,和一个已婚妇人私奔,后来死在一个贫民收容所里。她只有一个儿子,却由于贫病交加,不得不在孩子 4 岁那年就把他送走了。她不知道儿子的下落,整整三十一年都没有再见到他。

她生命中戏剧化的转折点,发生在马萨诸塞州的林恩市。一个很冷的日子,她在城里走着的时候,突然滑倒了,摔倒在结冰的路面上,而且昏了过去。

她的脊椎受到了伤害,她的身体不停地痉挛,甚至医生也认为她活不久了。医生还说即使是奇迹出现而使她能活下来的话,她也绝对无法再行走了。

躺在一张看来像是送终的床上,艾迪太太打开她的《圣经》。她读到马太福音里的句子:"有人用担架抬着一个瘫子到耶稣跟前来,耶稣就对瘫子说:'孩子,放心吧,你的罪被赦免了。起来,拿你的褥子回家去吧。'那人就站起来,回家去了。"

她后来说,耶稣的这几句话使她产生了一种力量、一种信仰、一种能够医治她的力量,后来她慢慢地能下床了,慢慢地开始能行走。

"这种经验,"艾迪太太说,"就像引发牛顿灵感的那个苹果一样,使我发现自己怎样好了起来,以及怎样也能使别人做到这一点。我可以很有信心地说:一切的原因就在你的思想,而一切的影响力都是心理现象。"

这不是神话,也不是偶然。我们活得愈久,就愈深信思想的力量。

## 魔力悄悄话

生命中总有一些转折点,抓住这样一个转折点,我们的人生就会有突破和进展。给自己一个信仰,你的生活就会多一分希望。

# 坚定"天生我材必有用"的信念

无论如何,都要相信你自己,人不可能永远困顿,只要努力奋斗,你总会有成功的那一天。

人生总会有高低起伏,不会有永远处于低谷的人生,也不会有永远兴盛的家世,处于困顿中的人一样要抱持这样一种信念,要相信自己总有一天会成功。

张海迪 1955 年出生于山东省文登市,小的时候,她很聪明、活泼。可 5 岁那年,她突然得了一种奇怪的病,胸部以下完全失去了知觉,生活不能自理了。为了治好病,她不知道做了多少次手术,但最终也没治好她的病。医生们都认为,像张海迪这么小的高位截瘫患者,一般很难活到成年。

面对死神的威胁,小海迪意识到自己的生命很难长久,可是她并没有向命运屈服,她不想成为一名只能依赖家人的废人,她相信,只要自己坚持不懈地努力,自己总有一天会获得成功。为了不虚度光阴,她把每一分每一秒都用在刻苦自学上。

在日记中,她把自己比作天空中的一颗流星。她这样写道:"不能碌碌无为地活着,活着就要学习,就要多为群众做些事情。既然我像一颗流星,我就要把光留给人间,把一切奉献给人民。"

1970 年,张海迪跟随父母到乡下插队落户。她看到当地群众缺医少药,便萌生了学习医术的想法。她用平时省下来的零用钱买来了医学书籍,努力研读。为了能够识别内脏,她拿一些小动物来做解剖;为了了解人的针灸穴位,她就用自己的身体做实验,她用红笔、蓝笔在身上画满了各种各样的点,在自己的身上练习扎针。她以常人难以想象的坚强的毅力,克服了无数次的困难,终于能够治疗一些常见病和多发病了。

　　十几年里,张海迪医好了一万多名群众。搬到县城后,由于身体残疾,她没有工作可做。但她并不想让自己成为一个闲人。她从高玉宝写书的经历中得到启示,决定自己也走文学创作的路子,用笔去描绘美好的生活。

　　经过多年的勤奋写作,张海迪已经成为山东省文联的专业创作人员,她的作品《轮椅上的梦》一经出版问世,就立刻引起了十分强烈的反响。张海迪有着坚定的人生信念:只要自己认准了的目标,无论前面有多少艰难险阻,都要努力地跨越过去。

　　一次,一位老同志拿一瓶进口药,请她帮助给翻译一下文字说明,可张海迪并不懂英文,看着这位老同志满脸失望地离去,她心里很是不安。从那天开始,她决心学习英文。在学习英文期间,她的墙上、桌上、灯罩上、镜子上乃至手上、胳膊上都写有英语单词,她还给自己定下了任务,每天晚上必须记住 10 个单词,否则就不睡觉。家里无论来了什么样的客人,只要会一点英语的,都成了她学习英语的老师。

　　几年以后,她不仅可以熟练阅读英文版的报刊和文学作品,而且还翻译了英国长篇小说《海边诊所》。当她将这部译稿交给某出版社的总编时,那位年过半百的老同志感动得流下了热泪。

　　是的,每个人都会遇到这样那样的不顺。这时,你必须保持清醒,坚定地相信自己总有一天会成功。秉持这样的信念,上天就不会辜负你。

## 魔力悄悄话

　　人生不会一帆风顺的,即使现在你失业了,也不要自暴自弃,心中永远保存着成功的信念,终有一天你会获得成功。

# 第五章
## 锻造永不服输的魄力

记住莎士比亚曾经写下的一句话:"当太阳下山时,每个灵魂都会再度诞生。"再度诞生就是你把失败抛到脑后的机会。每一次的逆境、挫折、失败以及不愉快的经历,都隐藏着成功的契机,而不是增加你消沉的机会。在逆境之中,要善于抓住机遇,不失时机地锻炼自身的抗逆力,铸就自身永不认输的性格。

# 在逆境之中，坚持自己对于成功的执着

那些被历史铭记的人之所以伟大，是因为他们都有一个共同点，那就是对梦想的锲而不舍，对成功的执着追求。

达尔文的父亲是一位著名的医生，他希望自己的儿子能继承自己的事业，也当一名医生，可是达尔文无心学医，进入医科大学后，他成天去收集动、植物标本，父亲对他无可奈何，又把他送进神学院，希望他将来当一名牧师。然而，达尔文的兴趣也不在牧师上，达尔文有他自己的理想，他9岁的时候就曾对父亲说："我想世界上肯定还有许多未被人们发现的奥秘，我将来要周游世界，进行实地考察。"为此，达尔文一直在积极准备。为了有利于自己观察和收集动、植物标本，达尔文抛弃了事务，经过五年的环游旅行，达尔文在动、植物和地质等方面进行了大量的观察和采集，回国后又做了近二十年的实验，终于在1859年出版了震动当时学术界的《物种起源》一书，它以全新的进化思想推翻了神创论和物种不变论，把生物学建立在科学的基础上，提出震惊世界的论断：生命只有一个祖先，生物是从简单到复杂，从低级到高级逐渐发展而来的。

达尔文从小就为自己树立了坚定的目标，尽管在通往梦想的路上一再碰到阻碍，但是他没有放弃，终于，通过自己坚持不懈的努力，他实现了自己的梦想，并且取得了伟大的成就。

梦想是自己的，不要因为碰到一些挫折，就垂头丧气，让不好的情绪左右了自己的信念，这样，只会一事无成。

## 抗逆力——轻舟已过万重山

有一个叫布罗迪的英国教师,在整理阁楼上的旧物时,发现了一沓作文本。作文本上是一个幼儿园的31位孩子在五十年前写的作文,题目叫《未来我是……》。

布罗迪随手翻了几本,很快便被孩子们千奇百怪的自我设计迷住了。比如,有个叫彼得的小家伙说自己是未来的海军大臣,因为有一次他在海里游泳,喝了三升海水而没被淹死;还有一个说,自己将来必定是法国总统,因为他能背出25个法国城市的名字;最让人称奇的是一个叫戴维的盲童,他认为,将来他肯定是英国内阁大臣,因为英国至今还没有一个盲人进入内阁。总之,31个孩子都在作文中描绘了自己的未来。

布罗迪读着这些作文,突然有一种冲动:何不把这些作文本重新发到他们手中,让他们看看现在的自己是否实现了五十年前的梦想。

当地一家报纸得知他的这一想法后,为他刊登了一则启事。没几天,书信便向布罗迪飞来。其中有商人、学者及政府官员,更多的是没有身份的人……他们都很想知道自己儿时的梦想,并希望得到那作文本。布罗迪按地址一一给寄了去。

一年后,布罗迪手里只剩下戴维的作文本没人索要。他想,这人也许死了,毕竟五十年了,五十年间是什么事都可能发生的。

就在布罗迪准备把这本子送给一家私人收藏馆时,他收到了英国内阁教育大臣布伦克特的一封信。信中说:"那个叫戴维的人就是我,感谢您还为我保存着儿时的梦想。不过我已不需要那本子了,因为从那时起,那个梦想就一直在我脑子里,从未放弃过。五十年过去了,我已经实现了那个梦想。今天,我想通过这封信告诉其他30位同学:只要不让年轻时美丽的梦想随岁月飘逝,成功总有一天会出现在你眼前。"

布伦克特的这封信后来被发表在《太阳报》上。他作为英国第一位盲人大臣,用自己的行动证明了一个真理。假如谁能把3岁时想当总统的愿望执着地努力奋斗五十年,那么他现在一定已经是总统了。

当年迪士尼为了实现建立"地球最欢乐之地"的美梦,四处向银行融资,可是被拒绝了302次之多,每家银行都认为他的想法怪异。其实并不然,他有远见,尤其是决心实现梦想。

今天,每年都有上百万游客享受到前所未有的"迪士尼欢乐",这全都出于一个人的决心——这就是坚持梦想的人生。

类似的故事还有很多很多。无一例外,它们都告诉我们:要完成既定的梦想就必须坚持,坚持,再坚持。没有锲而不舍坚持到底的精神,就很难收获成功。

魔力悄悄话

一个人取得的成就和他为之付出的努力是分不开的,只要我们肯坚守梦想,我们也一定能够成为一个卓越的人。

# 要有战胜逆境和苦难的意志

人的一生不可能一帆风顺,总会存在着这样或者那样的挫折和困难。很多人在面对挫折与困难时丧失了挑战的勇气,从此甘于平庸;而有些人则凭着自己顽强不屈的性格勇敢地挑战挫折和困难,并最终取得了胜利。

25 岁的小袁从某名牌大学毕业后到某外资公司工作,与公司女职员小莉一见钟情。但两周后小莉毅然离去,留给小袁的是一腔的惆怅和烦恼。平素爱说笑的他变得沉默寡言,开始失眠,情绪消沉,一天到晚昏昏沉沉,人变得越来越消瘦,终日兴味索然。他开始怀疑生活的意义,感到自己是这个世界上多余的人。他终日唉声叹气,口口声声"连累了父母,还不如死了好"。

小袁是由于恋爱遭受挫折而产生了消沉心理。消沉是指心灰意冷、沮丧颓唐的消极情绪。通常在以下几种情景中产生:一种是追求的目标脱离实际,看不到现实生活的复杂,由于力不从心而最后失败,消沉心理油然而生;一种是意志薄弱,遇到挫折就灰心失望,觉得命运总跟自己作对,处处不顺心、事事不如意,于是就显得精神萎靡。

1899 年 7 月 21 日,海明威出生于美国伊利诺伊州芝加哥市郊的橡树园镇,他 10 岁开始写诗,17 岁时发表了他的小说《马尼托的判断》。上高中期间,海明威在学校周刊上发表作品。14 岁时,他曾学习过拳击,第一次训练,海明威被打得满脸鲜血,躺倒在地。但第二天,海明威还是裹着纱布来了。二十个月之后,海明威在一次训练中被击中头部,伤了左眼,这只眼的视力再也没有恢复。

1918 年 5 月,海明威志愿加入赴欧洲红十字会救护队,在车队当司机,被授予中尉军衔。7 月初的一天夜里,他的头部、胸部、上肢、下肢都被炸成重伤,人们把他送进野战医院。他的膝盖被打碎了,身上中的炮弹片和机枪弹头多达 230 余片。他一共做了 13 次手术,换上了一块白金做的膝盖骨。有些弹片没有取出来,直到去世还留在体内。他在医院躺了三个多月,接受了意大利政府颁发的十字军勋章和勇敢勋章,这一年他刚满19 岁。

日本偷袭珍珠港后,海明威参加了海军,他以自己独特的方式参战,他改装了自己的游艇,配备了电台、机枪和几百磅炸药,他在古巴北部海面搜索德国的潜艇。1944 年,他随美军在法国北部诺曼底登陆。他率领法国游击队深入敌占区,获取大量情报,并因此获得一枚铜质勋章。

每一次的逆境、挫折、失败以及不愉快的经历,都隐藏着成功的契机,而不是增加你消沉的机会。

成功者并不一定都具有超常的智能,命运之神也不会给予他特殊的照顾。

**魔力悄悄话**

几乎所有成功的人都命运多舛,但他们在困难和挫折面前却并不消沉,也不堕落,而是越挫越勇,最终在历经艰难险阻、风风雨雨后收获了一片属于自己的天地。

# 逆境不可改变,但可以改变看待逆境的心态

在生活中,我们不能改变的东西有很多很多,但我们可以转变自己的心境,多往好的一面想,心情也就自然放松许多。在心理诊所的情绪治疗过程中,医生们发现了一个现象:

一些情绪压抑过久的人,往往会采用啃咬手指的办法来减轻紧张情绪或者压力。有一些患者很为此担心,他们在公共场合或者比较严肃庄重的场合忍不住还会咬自己的手指,怎样改变这种现象呢?

后来心理专家们就用了这样一个办法:在患者的手指上缠了很多圈的细线,这样,每当他们情绪紧张想咬手指的时候,就必须要慢慢地解下手指上的绳子,但解完绳子之后,通常患者就不会再想咬手指了。

绳子有这么大的作用吗? 其实不是绳子的作用,而是解开绳子的动作产生了巨大的作用。在解开绳子的过程中,紧张的情绪就在这短短的时间里得到了缓解。其实情绪正是这样,它只是需要一个转移的时间,就可以得到完全的解脱。

明智的人会接受感觉不可避免的更迭。所以,当他们感到沮丧、生气或紧张时,他们也用同样的开阔和智慧来对待。他们不但没有因为感觉不好就对抗这些情绪,或感到恐慌,反而自在地接纳了这些情绪,知道这些终会过去。他们不但没有跌跌撞撞地对抗这些情绪,反而优雅地接纳了它们。这种做法让他们可以温和而优雅地离开负面情绪,进入心灵的正面状态。情绪的转向归根到底要取决于产生情绪的行为、态度的转变,只有你这些先转变了,作为它们产物的情绪才会转变。

遗憾的是,我们中的许多人常常过多地把他们的注意力、精力放在那些使他们痛苦不堪的思想上,以致情绪总是郁郁不振,当然,我们之间也有

很多情商很高的人，他们虽然也会犯错误，但他们的高明之处就在于不拘泥于已有的事实，而把目光投向如何解决、如何改善现状这些有建设性的目标上，所以他们的情绪相对而言都较稳定、积极。

爱默生说："每一种挫折或不利的突变，都带着同样或较大的有利的种子。"情绪的不稳定性决定了情绪的到来往往会使我们感到十分意外，但是也会很容易转移出去，只要我们找到一个恰当的转移点。

有一名矿工在塌方的矿井下待了 8 天后被人们救了上来。与他一同被困的 5 个同伴都没有他的处境艰难，却都没有生存下来。

其实这名生还的矿工并不知道自己在矿井里待了多久。他后来回忆说，当时发现塌方，心里十分慌乱、绝望，但他很快控制住情绪，安慰自己说："不要紧，井上面的人肯定会下来救助我们。"正好那天他很累，就躺在木板上睡觉。醒来后，他在坑道里来回走动，仔细听有没有外面传来的声音。

这样的情形不知过了多长时间，除了水滴声，坑道里静得出奇。他毫无办法，就唱歌给自己听，然后给自己鼓掌喝彩。唱累了，他又躺在木板上睡觉，幻想着他喜欢的女子、爱吃的食物，希望能在梦中看见这些。

再次醒来时，他又竖起耳朵听，渐渐地，一些他盼望中的声音出现了，他喜悦地向发出声音的地方跑去，大喊大叫，希望引起注意。但是，这些声音有点儿怪；只要他想念什么声音，那边很快就能出现同样的声音。原来是回声……

他一直在与自己的内心作斗争。为了控制住自己的情绪，他坚持在坑道里玩射击游戏——将一片木板插在壁上，然后在黑暗中向它扔煤块，如果听到"啪"的一声，就是打中了。他规定自己：只有打中一百次才允许睡觉。

他不知道多长时间没吃饭了，口袋里有个拳头大的糯米团是他的寄托。他每次都是数着米粒吃它，目前已经吃了 367 粒。他在回忆时说："坑道里有水，口袋里有糯米团，更重要的是，我坚信人们会来救我，我绝不能害怕，绝不能发疯，绝不能自杀，我一定要控制住自己……"他是在梦中听见响动的，然后他就看见洞口射进刺眼的光芒。他紧紧地捂住眼睛，但仍然感觉光是那么强。当他确信自己得救时，一下子就软了……

这名矿工走出困境的事迹是让人感动的，同时，也告诉我们，我们虽无法控制灾难，但我们能控制自己。从某种意义上看，人是通过控制自己，才控制了他的整个世界。

有一位讲师在压力管理的课堂上拿起一杯水，然后问听众："各位认为这杯水有多重？"有的说200克，有的说500克……

讲师说："这杯水的重量并不重要，重要的是你能拿多久？拿一分钟，各位一定觉得没有问题；拿一个小时，可能觉得手酸；拿一天，可能得叫救护车了，其实这杯水的重量是不会变化的，但是你若拿得越久就觉得越重。"

这就像我们承担着压力一样，如果我们一直把压力放在身上，不管时间长短，到最后我们就觉得压力越来越沉重而无法承担。我们必须做的是：放下这杯水休息一下后再拿起这杯水，如此我们才能够拿得更久。

所以，各位应该将承担的压力于一段时间后适时地放下并好好休息一下，然后再重新拿起来，如此可承担久远。

**魔力悄悄话**

当我们身处困境时，仅有外界的救助是不够的，重要的还有我们的自救。

# 乐观面对逆境中的挫折

在日常生活工作中,我们常会看到有的人一遇到挫折不顺,就表现出或沮丧、或消沉、或愤怒、或难过……这些都是心理资源不足的情况。当代积极心理学研究为我们寻找到了一条有效的而且是最重要的心理资源恢复途径——诱导积极情绪。

诱导积极情绪可以扩建认知领域的功能,扩展注意的范围和思维的多面性和深刻性,改善对挫折、失败的认知,提高抵抗压力和逆境能力,以及从消极状态中恢复的能力;还能扩建个体的生理资源;此外,诱导积极情绪能增加人们对陌生人的亲切感和和蔼感,同时也可以增加其对熟悉人的信任感;甚至还能扩建积极品质,诱导和增加乐观主义,宁静,自我恢复能力等一些与心理健康相关的品质的形成。

我们先来说说什么是积极情绪,积极情绪是对有机体起振奋作用,对人体的生命活动起极好作用的一种情绪。它能为人们的神经系统增添新的力量,能充分发挥有机体的潜能,提高脑力和体力劳动的效率和耐久力。积极情绪往往由责任感、事业心、期望、奋斗目标、荣誉感等刺激而产生。因此,保持积极情绪的方法,就是应尽快使自己具有责任感、荣誉感、事业心,有近期和长远的奋斗目标,并坚持不懈地为实现既定目标去拼搏和奋斗。

生活中我们总喜欢与乐观的人相处,因为他们带给人愉快和活力。说到乐观主义,体现在人们身上就是乐观主义者。乐观主义者总是相信自己有足够的行为能力来承受和减弱原有负向价值对于自己的不良影响,并使原有正向价值发挥更大的积极效应,因此,他只关心事物的正向价值,而不关心事物的负向价值,并把最大正向价值作为其行为方案的选择标准,这种人容易看到事物好的一面,不容易看到事物坏的一面。

最后我们要了解什么是积极品质，看看我们自己身上都存在哪些优秀的积极品质，我们在保持这些积极品质的同时，又需要发展什么积极品质，让我们的生活和工作更加美好。

改善情绪的7种积极品质是：

1. 时刻记录自己的幸福感。

2. 和谐，是内心的和谐。所谓的内心和谐就是指我们对事物的看法，对事物的认识，对自己眼前的处境、对将来追求的目标，还有现在所能够做的，使各个方面的事情之间能够达到协调。

3. 自尊感。所谓的自尊感，简单讲就是自己喜欢自己。作为一个心理健康的人，很重要的品质就是能够喜欢自己。

4. 个人的成熟，是指在处理自己的问题，人际关系，环境的要求，工作的要求，处理家庭、同事、朋友之间的关系的时候能够非常得体。

5. 人格的完整。

6. 与环境保持良好的接触。

7. 有效地适应环境。我们在逆境的时候，千万不要逃避，而应勇敢地面对，这样逆境就会变成顺境了。其实，人生的际遇不外乎两种，一种是顺境，一种是逆境，在顺境中顺流而上，抓牢机会，或许每个人都能够做到。但面对逆境，许多人却纷纷败退，在逆流中舟沉人亡。高情商的人往往能穿越逆境有所成就。

## 魔力悄悄话

哈佛学者认为，逆境，就是危险中的顺境。事实上，世界上任何危机都孕育着机会，且危机愈重商机愈大。洛克希德·马丁公司前任首席执行官奥古斯丁认为：每一次危机本身既包含导致失败的根源，也孕育着成功的机会。在逆境之中，一个人要善于把自己最弱的部分转化为最强的优势，这样才能为自己开拓人生的新局面。

# 战胜挫折，激发进取心

巴尔扎克说："挫折和不幸，是天才的晋身之阶，信徒的洗礼之水，能人的无价之宝，弱者的无底深渊。"生活中的失败与挫折既有不可避免的一面，又有正向和负向功能。既可使人走向成熟、取得成就，也可能破坏个人的前途，关键在于你怎样面对挫折。

在开始做事的时候往往给自己留着一条后路，作为遭遇困难时的退路。这样怎么能够成就伟大的事业呢？

破釜沉舟的军队，才能决战制胜。同样，一个人无论做什么事，必须抱着绝无退路，勇往直前的进取心，才会在遇到任何困难和障碍时，都不会产生后退的念头。如果立志不坚，时时准备知难而退，那就绝不会有成功的一日。

人生的成败，决定于意志力的强弱。具有坚强意志力的人，遇到任何艰难障碍都能克服困难，消除障碍。但意志薄弱的人，一遇到挫折，便思退求缩，最终归于失败。实际生活中有许多人，他们很希望上进，但是意志薄弱，没有坚强的决心，不抱着破釜沉舟的信念，一旦遇到挫折，就立即后退，所以终遭失败。

一旦下定决心，不留后路，竭尽全力，向前进取，那么即使遇到千万困难，也不会退缩。一个人有了决心，方能克服种种艰难，去获得胜利，这样才能得到人们的敬仰。所以，有决心的人，必定是个最终的胜利者。有强大的进取心做后盾，我们才能充分发挥才智，从而在事业上做出伟大的成就。

巴拉昂是一位年轻的媒体大亨，以推销装饰肖像画起家，在不到十年的时间里迅速跻身于法国50大富豪之列，1998年因前列腺癌在法国博比尼医院去世。临终前，他留下遗嘱，把他46亿法郎的股份捐献给博比尼医院用于前列腺癌的研究,另有100万作为奖金,奖给揭开穷人之谜的人。

穷人最缺少的是什么？巴拉昂逝世周年纪念日,律师和代理人按巴拉昂生前的交代在公证部门的监视下打开了那只保险箱,揭开了谜底:穷人最缺少的是进取心,那不满足现状的进取心。

进取心,就是不愿在现状里沉睡,而是志向远大,努力向上,胸怀追求成就的动机;进取心,就是不知足,就是不满足于现状的信念;进取心,就是一种极强的自信心。进取者的处世态度是:"天生我材必有用",坚信自己,相信自己能有所作为,能达到自己所设定的目标。

对待挫折必须真实,不能逃避,也不能退缩。最为重要的是,在挫折面前保持清醒的头脑,客观冷静地对待这一真实的存在。

挫折干扰了自己原有的生活,打破了自己原有的目标,需要重新寻找一个方向,确立一个新的目标,这就是目标法。目标的确立,需要分析思考,这是一个将消极心理转向理智思索的过程。目标一旦确立,犹如心中点亮了一盏明灯,人就会生出调节和支配自己新行动的信念和意志力,去努力进行达到目标的行动。目标的确立是人内部意识向外部动作转化的中介,是主观见之于客观认识向实践飞跃的起始阶段。目标的确立标志着人已经开始了下一步争取新的成功的历程。目标法既可以抑制和阻止人们不符合目标的心理和行动,又可以激发和推动人们去从事达到目标所必需的行动,从而鼓起人们战胜困难的勇气。

## 魔力悄悄话

人生难免会遇到挫折,没有经历过失败的人生不是完整的人生。没有河床的冲刷,便没有钻石的璀璨;没有挫折的考验,也便没有不屈的人格。正因为有挫折,才有勇士与懦夫之分。

# 在逆境中学会说"不要紧"

生活中有很多突发的挫折,会给我们的心灵带来巨大的压力,很多人会因为这些压力而变得情绪低沉,感到绝望、恐惧、万念俱灰,甚至会因此而失去活下去的勇气。

但是越是这个时候,越要与自己的负面情绪做抗争,越需要在心底对自己说:坚持一下,没什么要紧的。过了这一刻,一切都会好起来。

一天,一位老教授在爱米莉的班上说:"我有句三字箴言要奉送各位,它对你们的学习和生活都会大有帮助,而且可使你们心境平和,这三个字就是'不要紧'。"

爱米莉领会到了这句三字箴言所蕴含的智慧,于是便在笔记簿上端端正正地写下了"不要紧"三个大字,她决定不让挫败感和失望破坏自己平和的心境。

后来,她的心态经受了考验,她爱上了英俊潇洒的凯文,他对她很重要,爱米莉确信他是自己的白马王子。

可是有一天晚上,凯文却温柔委婉地对爱米莉说,他只把她当作普通朋友。爱米莉以他为中心构想的世界顿时就土崩瓦解了。那天夜里爱米莉在卧室里哭泣时,觉得记事簿上的"不要紧"三个字看来很荒唐。"要紧得很,"她喃喃地说,"我爱他,没有他我就不能活。"

但第二日早上爱米莉醒来再看这三个字,她就开始分析自己的情况:到底有多要紧?凯文很要紧,自己很要紧,我们的快乐也很要紧。但自己会希望和一个不爱自己的人结婚吗?日子一天天过去了,爱米莉发现没有凯文,自己也可以生活得很好。爱米莉觉得自己仍然很快乐,将来肯定会有另一个人进入自己的生活，即使没有，她也仍然要快乐。

几年后，更适合爱米莉的人真的出现了。在兴奋地筹备婚礼的时候，她把"不要紧"这三个字抛到九霄云外。她不再需要这三个字了，她觉得以后将永远快乐，她的生命中不会再有挫折和失望了。

然而，有一天，丈夫和爱米莉却得到了一个坏消息：他们用所有积蓄投资的生意经营不下去了。

丈夫把这个坏消息告诉爱米莉之后，她感到一阵凄酸，胃像扭作一团似的难受。爱米莉又想起那句三字箴言："不要紧。"她心里想："真的，这一次可真的要紧！"可是就在这时候，小儿子用力敲打积木的声音转移了爱米莉的注意力。儿子看见妈妈看着他，就停止了敲击，对她笑着，他的笑容真是无价之宝。爱米莉的目光越过他的头望出窗外，在院子外边，爱米莉看到了生机盎然的花园和晴朗的天空。她觉得自己的心情恢复了。于是她对丈夫说："一切都会好起来的，损失的只是金钱，不要紧。"

意志和希望大概是治愈绝望情绪的最好良药，情绪是一个天平，就看你要倒向哪一边。遇到困难时就像爱米莉一样，对自己说一句"不要紧"，相信自己终会熬过去，相信风雨过后，一定会有彩虹。有时候，我们面对的最大的敌人，并不是具体的事情，而是我们的内心，是我们内心的恐惧、焦虑和懦弱。

## 魔力悄悄话

很多问题并不像我们想象的那么严重，面对这些狂风暴雨，如果我们能够尝试着对自己说"不要紧"，时刻保持积极的心态，那么这些人生困难最终都将被克服。

# 别让想象出来的逆境打垮自己

有些人遭受了多次的打击,就会丧失奋发向上的激情,就会自我压制拼搏的欲望,同时封杀自己的信心和勇气,于是挫败感就由此产生了,也开始对一切事物感到悲观。

有人曾经用两种鱼做了一个实验。实验者用玻璃板把一个水池隔成两半,把一条鲮鱼和一条鲦鱼分别放在玻璃隔板的两侧。开始时,鲮鱼要吃鲦鱼,飞快地向鲦鱼游去,可第一次撞在玻璃隔板上,游不过去。于是鲮鱼又开始了第二次,第三次……一直到第十几次的攻击,可是结果还是一样,它永远也吃不到鲦鱼。于是,最终鲮鱼放弃了努力,不再向鲦鱼那边游去。而让人吃惊的是,当实验者将玻璃板抽出来之后,鲮鱼也不再尝试去吃鲦鱼!鲮鱼失去了吃掉鲦鱼的信心,放弃了努力。

其实生活中,又有多少人在犯着和鲮鱼一样的错误呢?希腊曾经有这样一个故事:

自古希腊以来,人们一直试图达到4分钟跑完1英里的目标。人们为了达到这个目标,曾让狮子追赶奔跑者,但是也没能4分钟跑完1英里。于是,许许多多的医生、教练员和运动员断言:要人在4分钟内跑完1英里的路程,那是绝不可能的。因为,我们的肺活量不够,风的阻力又太大。

而当所有人都相信这已经成为一个铁的事实时,罗杰·班尼斯特用自己的亲身经历击碎了所有医生、教练员和运动员的断言,他开创了4分钟跑完1英里的记录。而更令人惊叹的是,在此之后的一年中,又有300名运动员在 4 分钟内跑完了 1 英里的路程。

由此可见,人的潜能和拼搏的欲望完全可以被一次次的挫折扼杀。回到鲮鱼的故事中,我们看到了最可悲的是,玻璃板隔开的不只是一次弱肉强食的自然法则,而是把心灵的行动欲望和进取精神抹杀了,而这种抹杀的元凶却是自己。生活中的挫折随时会有,随处可见。难道每一次都要把自己困在绝望中?关键还是看你怎样对待挫折。

尼采曾把他的哲学归为一句至理名言:成为你自己。的确,人生的成功与人生的期望密切相关。一个对生活,对自己失去期望的人,永远不会成功。而一个懂得改变,笑对挫折的人,才会最终取得成功。

曾有一次,著名的小提琴家欧利布尔在巴黎举行一场音乐会,他的小提琴上的 A 弦突然断了,可是欧利布尔就用另外的那三根弦演奏完那支曲子。"这就是生活,"爱默生说,"如果你的 A 弦突然断了,就在其他三根弦上把曲子演奏完。"

## 魔力悄悄话

对于许多人来说,挫折并不可畏,可怕的是在心灵上被彻底打败,而又未能体会真正的"教训",反而一再重蹈覆辙,以致到最后落得一败涂地。人们常说,胜败乃兵家常事,因此要"胜勿骄,败勿馁",更重要的是要经得起挫折,重整旗鼓,开辟人生新的战场。

# 改正自身缺陷，努力磨炼自己的抗逆力

被失败的情绪折磨得痛不欲生的人，通常都有一个共同原因，那就是不能善待挫折，不会自我反思，不去寻找失败的原因。

凡事要从自己身上找原因，而不是一味责备别人。真正正视挫折的人凡事都会从自己身上找原因，绝不会一味地去责怪他人，这才是自我提高情绪处理能力的途径。

面对一次次挫败，布森并没有把失败的原因推到别人身上，也没有怨天尤人，而是仔细地反省自身，从自己身上找原因，最后终于自立门户，取得了事业上的成功。

当一个问题出现后，问题并不在别的地方，很可能就出在我们自己身上。

当我们遇到问题时，首先要先从自己身上找原因，这是一种做人的责任。

我们身边常常有这样一些人，一遇到挫折就喜欢怨天尤人，向别人发泄情绪，总是抱怨领导没有给他加薪，责怪领导太抠门，不配当领导；女友和他提出分手，他逢人便说女友太势利，是因为嫌他穷才离开他的，等等。

他们会把这些失败与不幸都归因于别人，而不去找自身的原因，这样的人永远都会活在无休止的抱怨中。

世上有许多事情是人们无法控制的，但人们至少可以控制自己的行为。

如果不对自己的过去行为负责，就不可能对自己的未来负责。从自身找原因，不仅能真正了解自己，还是进步的开始。犯错没关系，只要肯承认自己的错误并改正,我们就会成为赢家。

　　遇到事情能冷静分析,公正对待,全面了解自己,我们就会少去很多烦恼。

## 魔力悄悄话

　　学会从自身寻找原因不仅能让自己尽快远离负面情绪,而且能让自己更好地学习别人身上的优点,做到完善自我,超越自我,这样才是一个高情商的人应该具备的品质。

# 第六章
## 相信阳光一定会再来

　　鲁迅曾经说过:"希望是附丽于存在的,有存在,便有希望,有希望,便是光明。"人活着不能没有希望,否则会像失去控制的小船,随波浮沉。若有了希望,便有了前进的动力,有了战胜困难的勇气,有了奋勇拼搏的力量。希望是热情之母,她孕育着荣誉,孕育着力量,孕育着生命,它使濒临死亡的人看到生存,使屡遭挫折的人看到成功,使身怀绝症的人看到了生命的一丝渴求。总之,人活着绝对不可以没有希望。每个人的一生都要经历一定的挫折,这也是人生的阴霾期,在这段时期,我们应该乐观看待,相信阳光总有一天会穿透阴霾,照亮整个天空。

# 逆境没有你想象的那么可怕

人的一生不可能永远一帆风顺,大部分时间都是平淡的,还有不少时间是灰暗的。这些灰暗的日子被我们称之为苦难,面对苦难,每个人的承受能力不同,会表现出不同的情绪。有些人可以乐观应对,有些人却陷于其中不能自拔。乐观者,往往能以积极的心态看待问题,这样不仅可以使自己心情愉悦,而且正视问题的同时也可以使问题得到很好的解决;悲观者,总是感慨命运不济,认为自己是世界上最不幸的人,这样不仅不能解决问题,而且会加剧自己的痛苦。

很多刚刚步入社会的年轻人,由于自身的经验、才能都尚在成长之中,情绪容易受外界影响,加上社会上竞争激烈,各个用人单位对人才的要求不尽相同,面试遭淘汰,或者工作不适被辞退,这都是很正常的事情,我们不必为此耿耿于怀。只要我们相信自己,时刻提起精神,终会有"柳暗花明又一村"的新景象等待着我们。因为当生活把苦难带给我们时,其实又给我们推开了一扇窗,所以事情并没有你想象的那么糟。让我们学着用积极的态度去面对苦难,在苦难中学习,在苦难中成长。当越过苦难,这个过程就变成一生弥足珍贵的记忆。

西娅在维伦公司担任高级主管,待遇优厚。但是,突然不幸的事情发生了,为了应对激烈的竞争,公司开始裁员,而西娅也在其中。那一年,她43岁。

"我在学校一直表现不错,"她对好友墨菲说,"但没有哪一项特别突出。后来,我开始从事市场销售。在30岁的时候,我加入了那家大公司,担任高级主管。我以为一切都会很好,但在我43岁的时候,我失业了。那感觉就像有人在我的鼻子上给了我一拳。"她接着说,"简直糟糕透了。"西娅似乎又回到了那段灰暗的日子,语气也沉重了许多。

"有一段时间,我不能接受自己失业的事实。躲在家里,不敢出门,因为每当看到忙碌的人们,我都会觉得自己没用,脾气也越来越坏,孩子们也越来越怕我。情况似乎越来越糟糕。但就在这时,转机出现了。一个月后,一个出版界的朋友询问我,如何向化妆业出售广告。这是我擅长的东西。我重新找到了自己的方向:为很多上市公司提供建议,出谋划策。"两年后,西娅已经拥有了自己的咨询公司。她已经不再是一个打工者,而是成了一个老板,收入自然也比以前多了很多。

"被裁员是一件糟糕的事情,但那绝不是地狱。也许,对你来说,可能还是一个改变命运的机会,比如现在的我。重要的是对它如何看待,我记得那句名言:世界上没有失败,只有暂时的不成功。"西娅真诚地对墨菲说。

相信任何人在面临西娅那样的遭遇时都会苦恼不已,沉浸在低迷的情绪状态中。但是只要迅速地调整心态,转个弯就能找到另一条出路,就能获得成功。像西娅那样,即使被单位解聘淘汰了也不用计较,走过去,前面将有更光明的一片天空在等待着我们。

海伦·凯勒曾经说过:"当一扇幸福的门关起的时候,另一扇幸福的门会因此开启;但是,我们却经常看着这扇关闭的大门太久,而没有注意到那扇已经为我们开启的幸福之门。"

**魔力悄悄话**

"天生我材必有用",不如天生我材自己用,社会不残酷不足以激发我们的生命力,竞争不激烈不足以显示我们的战斗力。

# 逆境之土往往孕育着希望之光

有人说，从绝望中寻找希望，人生终将辉煌。在人的一生中，积极的情绪是一种有效的心理工具，是能够把握自己命运的必备素质。如果你认为自己能够发挥潜能，那么积极的情绪便会使你产生力量和勇气，从而使你如愿以偿。

千万不要把事情想象的那么糟糕，也许明天早晨它就会出现转机。这是所有成功者给我们留下的忠告。成大事者必须要在情绪低落的时候，激发自己的积极情绪，从而获取成功。

人的一生中，难免会遇到各种各样的困难，总会遇到一些不称心的人、不如意的事，此时，应该以什么样的心态面对这一切呢？如果你有快乐而又自信的好习惯，那么效果往往是出人意料的。

看一看这个故事吧：

美国联合保险公司有一位名叫艾伦的推销员，他很想当公司的明星推销员。因此他不断从励志书籍和杂志中培养积极的心态。有一次，他陷入了困境，这是对他平时进行积极心态训练的一次考验。

那是一个寒冷的冬天，艾伦在威斯康星州一个城市里的某个街区推销保险单。结果却没有售出一张保险单。他对自己很不满意，但当时他这种不满是积极心态下的不满。他想起过去读过的一些保持积极心境的法则。

第二天，他在出发之前对同事讲述了自己昨天的失败，并且对他们说："你们等着瞧吧，今天我会再次拜访那些顾客，我会售出比你们售出总和还多的保险单。"基于这种心态，艾伦回到那个街区，又访问了前一天同他谈过话的每个人，结果售出了66张新的保险单。这确实是了不起的成绩，而这个成绩是他当时所处的困境带来的,因为在这之前,他曾在风雪交加的天气里挨家挨户地走了8个多小时而一无所获,但艾伦能够把这种对大多数人来说都会感到的沮丧,变成第二天激励自己的动力,结果如愿以偿。

这个故事告诉我们的是:人生充满了选择,而生活的态度决定一切。你用什么样的态度对待你的人生,生活就会以什么样的态度来对待你,你消极,生活便会暗淡;你积极向上,生活就会给你许多快乐。

当人们遭到严重的(或一定的)挫折以后所产生的诸如失落、无奈、困惑等情绪,会使自己对未来失去信心,因而处于牢骚满腹的心理状况,于是老气横秋,怨天怨地,长吁短叹。这些本是一些力不从心的老年人的"专利",却使血气方刚,本应开拓事业、享受生活美好时光的年轻人,也沾染了这个毛病,结果失去青春的活力,失去人生的乐趣。

只有正确地对待生活,保持良好的情绪才能克服各种困难,快乐地生活。

当你的意识告诉你"完了,没有希望了",你的潜意识也就会告诉你,绝处可以逢生,在绝望中也能抓住希望,在黑暗中总有一点光明。

## 魔力悄悄话

不错,黎明前的夜是最黑的,只要我们在漆黑的夜中能看到一线曙光,那么,我们就要相信光明总会到来,事情总会有转机。不要消沉,不要一蹶不振,你只要抱有积极的情绪,相信大雨过后天更蓝,船到桥头自然直。

# 用理智去面对世界

有人说,成熟是人的年龄达到一定阶段,身体形态和人体机能趋近完善的表现,是人的智力、情绪、社会适应性及心理达到的较佳的状态。其实,一个人成熟与否,并非决定于年龄的大小和社会阅历的程度,而是经过无数次人生历练后内在气质的流露。人们只有以坦诚、执着、自识了却人间的烦恼,看淡红尘的纷争,默默地自我踏实、自我修复、自我完善,才能持不变心性,丰富自己的阅历,获得成熟的人生。

成熟是一种奋斗,是一种探索,是一种征服,是一种付出,更是一种生活的积累。它是人们辛劳和汗水的凝聚;坎坷的经历磨砺你的个性,使你成熟;良师的教诲陶冶你的情操,使你成熟;益友的交流提升你的人生品位,使你成熟;甚至是失败的滋味、苦难的煎熬,都会使人变得成熟起来。从某种意义上说。成熟就是人生诸多代价的发酵,它需要经历无数的生命体验才能最终获得。

成熟是一种境界,是一种胸怀。夸夸其谈、玩世不恭不是成熟;口是心非、表里不一不是成熟;自以为是、自命不凡也不是成熟。成熟的果实总是谦逊地低着头,只有稗草才会向天空高高翘起。成熟的表现是谦逊的,它不需要用张扬来标榜自己,更不需要借助吹嘘来美化自己。成熟厚广如海,足以容纳狂风巨浪;温润如玉,足以充盈、完善每一个缺陷之处。所以成熟的人,总能遇事不慌、处变不惊,这不仅是一种能力,更是一种长时间的修为所结成的必然之果。

只有怀有豁达、开朗、宽容、自律、自省、自励的美好品德,才能使人达到真正的成熟。所以,我们既要审视自身的不足,又要注重吸收他人身上光亮的东西;既要有成熟的谋略,又要有宜人的胸襟,这样才不失成熟者的风范。

　　成熟的人,不仅领悟力高,而且观察细致,对事物能作出理智的判断。成熟的人明事理,言谈稳健、举止干练,处理问题从容而冷静;成熟者的可贵之处在于使自己成为自己的主人,不再受人和自我感觉的随便奴役。有人希望在成长的过程和人生的旅途中一帆风顺,然而,岂不知那几经的挫折、几番的失败,甚至是痛苦的教训,都是使你成熟起来不可缺少的经历。不经一事,难长一智,只有磨难和经历才是对你最有益的东西。

　　成熟是可以追求的,但它的获得需要一个学习、发展、积累的过程。我们既不能将所追求的成熟作为人生的终点,也不能陶醉于自我认定的成熟状态之中,而要用理智的头脑去面对一个万象纷呈的世界,用自己坚定的人生信念,走出一个成熟的人生。

**魔力悄悄话**

　　做一个抗逆的人,就是能率真的面对自我,素心为人,侠义交友;就是能品行如修竹傲立,操履严明、守正不阿;就是能做到才华应韫,德居人前,利在人后。因为抗逆,拥有自尊,因为抗逆,拥有自信。

# 逆境之中，信念比食物更重要

当我们面对挫折和困难时，逃避和消沉情绪是解决不了问题的，唯有以积极的心态去迎接，问题才有可能最终被解决。积极乐观的人每天都拥有一个全新的太阳，奋发向上，并能从生活中不断汲取前进的动力。当我们处于困境中时，只要我们保持昂扬的精神，奋力拼搏，终将迎来阳光明媚的春天。

遗憾的是，很多时候我们的精神先于身躯垮下去了。

人在任何时候都不应该放弃信念和希望，信念和希望是生命的维系。只要一息尚存，就要追求，就要奋斗。其实，大自然始终在启迪着人们——在春花秋叶舞蹈般潇洒的飘落里，蕴涵着信念和希望；巨大岩石的裂缝中钻出的小草，昭示着信念和希望；不断被山风修改着形象的悬崖边的苍松展示着信念和希望。在任何时候，无论处在怎样的境遇，都不要放弃希望和信念。如果你的心灵已太久不曾有过渴望的涌动，请你轻轻地将它激活，让它焕发健康的亮色。下面，我们一起看一则关于信念的故事。

一场突然而至的沙尘暴，让一位独自穿行大漠者迷失了方向，更可怕的是连装干粮和水的背包都不见了。翻遍所有的衣袋，他只找到一个泛青的苹果。

"哦，我还有一个苹果。"他惊喜地喊道。

他攥着那个苹果，深一脚浅一脚地在大漠里寻找着出路。整整一个昼夜过去了，他仍未走出空阔的大漠。饥饿、干渴、疲惫，一齐涌上来。望着茫茫无际的沙海，有好几次他都觉得自己快要支撑不住了，可是他看了一眼手里的苹果，抿了抿干裂的嘴唇，陡然又添了些许力量。

## 抗逆力——轻舟已过万重山

　　顶着炎炎烈日，他又继续艰难地跋涉。三天以后，他终于走出了大漠。那个他始终未曾咬过的青苹果，已干巴得不成样子，他还宝贝似的擎在手中，久久地凝视着。

　　在人生的旅途中，我们常常会遭遇各种挫折和失败，会身陷某些意想不到的情绪困境之中。这时，不要轻易地说自己什么都没有了，其实只要心灵不熄灭信念的圣火，努力地去寻找，总会找到能渡过难关的那"一个苹果"。攥紧信念的"苹果"，就没有穿不过的风雨、涉不过的险途。

### 魔力悄悄话

　　无论面对怎样的环境，面对多大的困难，都不能放弃自己的信念，放弃对生活的热爱。因为很多时候，打败自己的不是外部环境，而是你自己的情绪。

# 我们只能决定对待逆境的态度

有人说，人的一生之中只有三件事，一件是"自己的事"，一件是"别人的事"，一件是"老天爷的事"。今天处于何种情绪状态，开不开心，难不难过，皆由自己决定；别人有了难题，他人故意刁难，对你的好心施以恶言，别人主导的事与自己无关；天气如何，狂风暴雨，山石崩塌，人力所不能及的事，只能是"谋事在人，成事在天"，过于烦恼，也是于事无补。

人屈服于自己的情绪之下，只是因为，人总是忘了自己的事，爱管别人的事，担心老天的事。所以要轻松自在很简单：打理好"自己的事"，不去管"别人的事"，不操心"老天爷的事"。

大热天，院子里的花被晒枯萎了。"天哪，快浇点水吧！"徒弟喊着，接着去提来了一桶水。"别急！"智者说，"现在太阳晒得很，一冷一热，非死不可，等晚一点再浇。"

傍晚，那盆花已经成了"霉干菜"的样子。"不早浇……"徒弟见状，咕咕哝哝地说，"一定已经干死了，怎么浇也活不了了。"

"浇吧！"智者指示。水浇下去，没多久，已经垂下去的花，居然全站了起来，而且生机盎然。

"天哪！"徒弟喊，"它们可真厉害，憋在那儿，撑着不死。"

智者纠正："不是撑着不死，是好好活着。"

"这有什么不同呢？"徒弟低着头，十分不解。

"当然不同。"智者拍拍徒弟，"我问你，我今年八十多了，我是撑着不死，还是好好活着？"

徒弟低下头沉思起来。

晚课完了,智者把徒弟叫到面前问:"怎么样? 想通了吗?"

"没有。"徒弟还低着头。

智者严肃地说:"一天到晚怕死的人,是撑着不死;每天都向前看的人,是好好活着。得一天寿命,就要好好过一天。"

对于院子里的花来说,"没浇水"虽然很不如意,但那是人们的事,"好好生长"才是它自己的事,这盆拥有积极情绪的花,得一天寿命,便好好过一天,真正理解了生命的意义。

哀莫大于心死,撑着活其实就是已经心死。如果生活在这个世上时都没有领悟何为真生命,还能指望他能死后有全新的生命吗?

生活在我们周围的人,包括我们自己,在遇到不如意的事情时,都会为自己的过错而痛悔,人非圣贤,孰能无过? 如果一有过错,就终日沉浸在无尽的自责、哀怨、痛苦之中。

# 魔力悄悄话

其实生活就是一件艺术品,每个人都有自己认为最美的一笔,每个人也都有自己认为不尽如人意的一笔,关键在于你怎样看待,有烦恼的人生才是最真实的人生,同样,能认真对待你眼前的各种纷扰的人生也是最真实的人生。

# 决不屈服于逆境

每天给自己一个希望，就是给自己一个目标，给自己一点信心。

珍惜每一个属于自己的日子，不在今天后悔昨天，不在今天挥霍明天。走好每一步，过好每一天。每天，都让自己有一个全新的开始，给自己一个崭新的希望，并努力去实现。

因为有希望就会有期待，当我们养成一个习惯，每天期待一件惊喜的事发生，那么我们的期待，就没有一天会落空。也就是说，我们期待得愈多，得到的意外喜悦就愈多。如果一个人心中每天都装满了希望，那么他还有什么理由去叹息，去悲哀，去烦恼？

居里夫人曾经说过："我的最高原则是：不论遇到什么困难，都绝不屈服。"生活中时常会出现不顺的境遇，记住，在任何时候，都不要放弃希望，即使再困难的境况，也要坚持，让希望常驻心间，最终你会迎来雨过天晴的那一天。

绝不能放弃希望，不但如此，还要每天都给自己一个新的希望。只有希望不断，你才能拥有源源不断的力量，才能追求到更美好的明天。

在这个世界上，有许多事情是我们难以预料的，但我们并不要因此而陷入绝望。我们不能控制际遇，却可以掌握自己；我们无法预知未来，却可以把握现在；我们不知道自己的生命到底有多长，却可以安排当下的生活；我们左右不了变化无常的天气，却可以调整自己的心情。只要活着，就有希望。

美国人派吉的《只为今天》，能够对我们有所启迪：

*只为今天，我要很快乐。*

只为今天,我要让自己适应一切,而不去试着调整一切来适应我的欲望。

只为今天,我要爱护我的身体。

只为今天,我要加强我的思想。

只为今天,我要用三件事来锻炼我的灵魂:我要为别人做一件好事;我还要做两件我并不想做的事,只是为了锻炼。

只为今天,我要做个讨人欢喜的人,外表要尽量修饰,衣着要尽量得体,说话低声,行动优雅,丝毫不在乎别人的毁誉。

只为今天,我要试着只考虑怎么度过今天,而不把我一生的问题都在一次解决。因为,我虽能连续十二个钟点做一件事,但若要我一辈子都这样做下去的话,那就会吓坏了我。

只为今天,我要订下一个计划,我要写下每个钟点的计划。

只为今天,我心中毫无惧怕,只用微笑面对一切。

## 魔力悄悄话

生命是有限的,但希望是无限的,只要我们不忘每天给自己一个希望,我们就一定能够拥有一个丰富多彩的人生。

# 第七章
## 别让压力毁了身心健康

心理学家说:"只有死亡才能完全摆脱心理压力的困扰。"无论人生如何一帆风顺,总会有令人紧张、感到压力的时刻降临,尤其那些事业成功人士。误会、争执和竞争都可能增加心理负担。只有适时减压,才能保持良好的心境。面对逆境,我们不仅要在精神上保持乐观,坚持信念,还要注意身心健康,因为身心的健康是执着意志的载体。

# 努力锻炼身体的抗压能力

你可以控制部分的身体压力,比如,你可以决定自己的饮食量和运动量。这些压力属于生理应激物的范畴。除此之外,还有环境应激物,比如环境污染、物质欲望等。

1. 环境应激物。这是在你周围,给身体带来压力的事物,包括空气污染、饮用水污染、噪声污染、人工照明、通风不畅、卧室窗外的豚草过敏原、喜欢躺在你枕头上的小猫留下的毛屑等。

2. 生理应激物。这是在你身体内部的导致压力的应激物。比如,怀孕期间或更年期的激素变化会给机体带来直接的生理压力,经前综合征(PMS)也有类似的作用。激素的改变也能通过情绪变化造成间接的压力。此外,吸烟、酗酒、吃垃圾食品、久坐不运动等不良的生活习惯也会引起生理压力。疾病也是如此,无论是普通的感冒,还是更为严重的心脏病或癌症。外伤也会导致压力,断了的腿、扭伤的手腕、椎间盘突出等都会使你感到压力。

应激物通过情绪对身体施加的影响同样有效,只是没有那么直接。比如,交通堵塞产生的空气污染会给身体造成直接影响。与此同时,困在车队中的你血压升高,肌肉紧张,心跳加速,愤怒情绪不断积累,这就是压力对身体的间接影响。

如果你换个角度来看交通堵塞,比如,看成上班之前听音乐放松的机会,你或许就不会感到任何压力。这再次说明,态度起着至关重要的作用。

疼痛是另一个更为复杂的间接压力的例子。头很痛的时候,你的身体也许并未感到直接的生理压力,反而是你对疼痛的情绪反应引起了严重的身体压力。人们害怕疼痛,而疼痛是让我们知道出现问题的重要途径。疼痛可以是伤害或疾病的信号。然而,我们有时已经知道哪里出了问题,我们得了偏头痛、关节炎或者因痛经、气候变化带来的膝盖酸痛等,这些"熟悉"的疼痛已经失去了提醒我们立刻采取药物治疗的作用。

但是,我们知道自己承受着某种形式的疼痛,就会有变得紧张的趋势。"噢,不,不是偏头痛!不,不要今天!"我们的情绪反应不会引起疼痛,但能导致与疼痛联系紧密的生理压力。疼痛本身不是压力,我们对疼痛的反应才是产生压力的原因。因此,学习压力管理技术可能无法消除疼痛,却能缓解与之相关的生理压力。

当你的身体经历这种压力反应的时候,无论是因为直接的还是间接的生理应激物所造成的,都会发生某些特定的变化。20世纪初,生理学家沃尔特·坎农提出了"打或逃"来形容压力给身体带来的生化改变,使其更安全、更有效地躲避或者面对危险。每当你感到压力的时候,就会发生这些变化,即使逃跑和打斗不切实际。或者对你没有帮助,也不会例外(比如,即将上台演讲、参加考试、面对岳母主动提出的建议,这些情况下,"打或逃"都不是有效的应对方法)。

这些是你感到压力时体内发生的变化:

1. 大脑皮层向视丘下部(大脑的组成部分,释放压力反应的化学物质)发送警示信号。大脑识别的任何压力都会引起这个效应,与你是否真正遭遇危险无关。

2. 视丘下部释放能够刺激交感神经系统抵制危险的化学物质。

3. 神经系统通过提高心率、呼吸频率和血压作出反应,一切都变得"亢奋"。

4. 肌肉变得紧张,做好行动的准备。血液离开四肢和消化系统,流入肌肉组织和大脑。血糖转向最需要的身体部位。

5. 意识变得敏锐。你的听觉、视觉、嗅觉和味觉都将显著提升,就连触觉也会更加敏感。

这听起来能解决所有问题,不是吗?想想精力充沛的执行官,带着目标演示和心知肚明每个问题绝佳答案的精明客户;想想冠军赛中足球队员的每个射球;想想考场上奋笔疾书的学生,完美的答案从笔尖流向 A + 的答卷;想想自己参加隔壁办公室的聚会,风趣而机智的言谈吸引了每一个人。压力太不可思议了! 难怪人们会对此上瘾。

更确切地说,压力会引起身体各个系统的问题。有些问题立刻就会发生,比如消化系统疾病、心率失常等;别的问题可能在长期承受压力的情况下才会发生。以下是某些不良压力症状,与肾上腺素直接相关:盗汗、四肢寒冷、恶心、呕吐、腹泻、肌肉紧张、口干、心里混乱、紧张、焦虑、易怒、急躁、沮丧、惊恐、敌意、好斗。

压力的长期影响更难纠正,比如抑郁、体重不正常变化造成的食欲增加或减少、频繁的轻微病症、各种疼痛、性功能障碍、倦怠、对社会活动失去兴趣、不断增多的上瘾行为、慢性头痛、痤疮、慢性背痛、慢性胃痛以及哮喘、关节炎等造成的恶化症状。

**魔力悄悄话**

虽然适当的压力对我们有好处,过度的压力却是有害的,这是压力的不利方面,也是大多数事物的通性。

# 科学锻炼大脑对于逆境的适应能力

我们已经知道,压力可以促使大脑皮层释放某些激素,使身体做好处理危险的准备。除此以外,大脑在压力过重时还会发生哪些反应呢? 首先,你的思维和应对更加迅速。但是,到达忍受压力的临界点之后,大脑就无法正常运作了。你会忘记事情,丢失东西。你不能集中精神。你会丧失意志力,沉迷于酗酒、吸烟、暴饮暴食等不良习惯中。

压力反应导致某些化学物质分泌增多,促使大脑和思维变得更加活跃,与此直接相关的却是其他物质的损耗,那些使你在巨大压力下保持思维正确性和反应敏锐度的物质。

起初,你能毫不迟疑地回答测试问卷;三个小时后,却连应该用铅笔的哪一头填充那么多小圆圈都记不得了。为了保持大脑每天都能处于最佳水平,决不能让压力扰乱你的反应线路!

身体进行压力反应的第一步就是促使血液从消化系统转向主要肌肉群。肠胃可能会清空内部物质,使身体做好迅速反应的准备。很多经历压力、焦虑和紧张的人也会出现胃痛、恶心、呕吐、腹泻等症状(医生通常称此为"紧张的胃",确实如此!)。

长期的阶段性压力和慢性压力与许多消化系统疾病紧密相关,比如应激性的大肠综合征、大肠炎、溃烂、慢性腹泻等。

如果紧张或多喝了几杯咖啡、可乐会让你觉得心跳加速或心律不齐的话,你就知道心脏被压力影响时会有什么感受了。

然而,压力对整个心血管系统的抑制作用远非如此。有些科学家认为压力会造成高血压。

几十年来,人们熟悉的说法是紧张、焦虑、易怒、悲观的人遭遇心脏病突发的可能性更高。事实上,对压力越敏感的人患心脏病的概率也越高。

　　压力也会造成不良的生活习惯,从而间接地引发心脏病。高脂肪、高糖分、低纤维素的饮食结构(快餐、垃圾食品的特征)会引起血脂升高,最终导致血流不畅和心脏病突发。

魔力悄悄话

　　如果缺乏锻炼,心脏疾病的危险因素就会进一步增加。就是因为你的压力太大,连吃份色拉或出去走走这些简单的事情都做不到!

# 皮肤过敏和慢性疼痛是压力过重的表现

粉刺等皮肤问题通常都与激素失调有关,而压力正是造成激素紊乱的重要因素。很多四十岁的女性会在月经周期的特定时候遭受粉刺的侵扰。压力会延长皮肤问题发生的时间,疲惫的免疫系统则需要更多的时间才能修复各类损伤。

男性也不能完全免疫。压力会造成化学失衡,导致成人粉刺的出现或恶化。

青少年处于青春发育期,激素波动十分剧烈,产生粉刺的概率很大。但是,处在重压之下的青少年想要控制粉刺就非常困难了。

记得第一次约会前偏偏冒出颗大痘痘的情景吗? 这不是巧合,而是压力。

长期压力会导致慢性粉刺的出现,还会引起牛皮癣、麻疹等各类皮炎。

功能衰退的免疫系统和日益敏感的痛觉都会损害身体状况,包括慢性疼痛。

身体处于压力状态的时候,偏头痛、关节炎、纤维肌疼痛、多发性硬化、骨质退化、关节疾病、旧病旧伤等都会恶化。压力管理技术和疼痛控制技术有助于慢性疼痛的缓解,还能改善情绪对疼痛的认知,避免疼痛造成压力的加重。

压力是怎样削弱免疫系统功能的呢? 当长期释放的压力激素破坏了身体平衡之后,免疫系统就无法有效运作。

在理想的情况下,免疫系统对机体自我修复的帮助最大。然而,情况不理想的时候,某些思想导向的冥想或集中的内心沉思可以帮助人们感知免疫系统要求身体采取的治疗措施。

有些人对所谓的"体内经历"持怀疑态度,身体和精神的相互作用还很难被人们理解。

**魔力悄悄话**

广泛流传的证据指出,压力管理和遵从身体规律是改善自我治疗的关键因素。

# 压力与疾病之间的恶性循环

关于哪些疾病与压力有关,哪些疾病与病毒或遗传有关,不是所有专家都能达成共识。然而,越来越多的科学家相信,身体和精神的相互联系意味着压力能够影响绝大多数的生理问题。反之。生理疾病和伤痛也会影响压力。

结果就是"压力—疾病—更多压力—更多疾病"的恶性循环,最终导致身体、情绪和精神的严重损伤。现在讨论的不是"先有鸡还是先有蛋"的问题,争论哪些情况是由压力引起的,哪些不是由压力引起的,也同样没有意义。压力(无论是引起生理问题的原因。还是生理问题造成的结果)的有效管理将使身体处于平衡状态,大大提高机体的自我治疗功能;同时改善人们对外伤和疾病的情绪反应,缓解痛苦。压力管理或许不能治愈病痛,但能让你的生活更有乐趣。而且,压力管理毕竟可以协助治疗病痛。

压力能引起多种精神和情绪反应,反之,这些反应也能引起压力。工作太累,把自己逼得太紧,体能消耗太大,说话太多,或者生活在不快乐的环境中都会导致沉重的压力负担。和身体压力一样,情绪压力也会使生活变得艰难,更糟糕的是,情绪压力会进一步引发别的压力。你将陷入新一轮的螺旋式沉沦。

你或许正在经历一段困难的个人感情。你觉得有压力,却又置之不理(或许看似无法解决),你全身心地投入工作,加班加点,承接更多的项目。由此产生的工作困扰会给生活增添新的压力,长时间工作,睡眠不足,不良的饮食习惯等也是重要的压力来源。你的身体和精神都将遭受伤害。起初,你也许能找到额外的优势,因为个人压力已经转换成工作的能量和动力。但是最终,你总会达到忍受压力的临界点。精神调节大大削弱,你将无法集中精神,也不能集中注意力,还会产生剧烈的情绪波动。你会觉得自己的工作表现很差,以及自我效能感的下降。沮丧、焦虑、惊恐、抑郁等也将接踵而至。

情绪压力有很多形式。社会应激物包括工作压力,即将来临的重大事件,和配偶、孩子、父母之间的感情问题,爱侣的过世等。生活中的任何巨变就会引发情绪压力,关键在于你如何看待这些事件。即使是积极的(婚姻、毕业、新工作、加勒比海巡游)、暂时的变化,也可能让你难以承受。

情绪压力使人失去自尊,悲观厌世,渴望自我封闭,此时,大脑正在寻求一切办法遏制压力的扩张。经过一周的高压工作,如果你只想一个人躺在床上,依靠一本好书和遥控器安度整个周末的话,说明你的情绪正在试图重新获得平衡。过量的活动和变化让你渴望摆脱所有事件,回到舒适而熟悉的日常生活中(和最好的朋友争吵过后,美味的冰激凌就是恰到好处的解压剂)。

如果放任压力持续太久,你将变得精疲力竭,失去对工作的所有兴趣,控制能力也会不断下降。你可能会被恐惧袭击,会产生严重的抑郁甚至神经崩溃,这是精神疾病的暂时症状,会在较长的时期内突然或缓慢发生。

情绪压力非常危险,相对身体压力而言,你更容易忽视情绪压力。然而,两者对身体和生活的伤害却是等同的。找出情绪压力的源头是压力管理的关键。如果你能同时关注身体压力和情绪压力,生活将会更有乐趣。

★**魔力悄悄话**★

请记住,压力管理技术不能在全面药物治疗的情况下使用,而应该作为已经接受或即将接受的病痛治疗的补充。遵循医生的建议,通过减轻压力,进一步提高身体的自然治疗机制。

# 压力过度对于精神健康的损害

　　精神压力更加难以琢磨。精神压力无法直接衡量,却是一种和身体压力、情绪压力密切相关的强烈有害的压力形式。什么是精神压力呢? 精神压力是对丧失精神生活的无视,也是对部分自我期望、热情、梦想、计划、追求超越人性和生命的事物的忽视。这是无形的自我,是灵魂。无论你是否有宗教信仰,精神层面总是存在的。这是不能测量、计算和完全解释的部分,定义真实自我的部分。

　　精神层面一旦被忽视,我们的身体就会失衡。当身体压力和情绪压力使我们自尊下降、愤怒、沮丧悲观、丧失情感和创造力、失望、害怕的时候,精神生活会受到更为严重的威胁,我们将失去生活的力量和乐趣。

　　你曾经见过面临不可克服的障碍、痛苦、伤害、悲剧或损失,仍能保持开心快乐的人吗? 这些人的精神层面十分完善,或许是自身努力所致,或许是与生俱来的品质。

　　当然,有些人并不相信精神层面或灵魂的说法,他们认为一切都是物质的。另一些人更赞同联系说,觉得所有事物就像硕大而复杂的网络相互关联。如果你把整个自我纳入压力管理的范畴,就将获得更全面、更有效的成果,也会找到真正适合自己的途径。对你自身网络中的每个部分悉心保护、珍爱和培养,无论你如何标记它们,非凡的管理艺术必将得以保全自我。

　　让我们看看压力是如何破坏你的自尊的。要指出循环的开端通常都很困难,不如假想你刚刚结束了一天辛劳的工作。(或许你根本不需要假想!)好像一切都出了问题:下巴撞到了底层台阶上,出门时咖啡溅到了夹克上,汽车偏偏又坏了。老板甩出了一项艰巨的任务,预示着未来两个月的高压工作。你想象着即将来临的漫漫夜战和不得不错过的午餐。同事说你"看起来很糟糕"。回家之后,你撕毁了所有的健身计划,叫了一份比萨,全部吃完。然后,你又觉得内疚不已,后悔不应该放弃锻炼,不应该吃垃圾食品,不应该吃这么多。内疚迫使你又为自己加了一份圣代冰激淋,看电视一直到深夜,试图忘记之前的一切。

第二天醒来的时候,你觉得浮肿不堪,浑身无力。迎接你的是一片狼藉的厨房,你只得拖着疲惫的身体去上班,再次承受与前一天一模一样的压力。就这样,循环不断地进行。你永远处在吃得太多、睡得太少的状态,对于制止引起压力的事端却又无能为力。或许因为能力不够,或许你根本不知道该如何做,总之,你无法制止压力的产生。相反,你的自我感觉越来越差,你很疲倦,很压抑,意志力也不断消退。感觉越差,就越有可能陷入这种破坏性的循环。

当然,这只是一个例子。关节炎、多发性硬化、慢性疲倦综合征等慢性疾病造成的压力会严重影响你的自尊。你想不明白为什么别人能做的事你却做不到。糟糕的感觉使你疲惫不堪,再也没有快乐可言。自我满足似乎成了遥远的记忆。压力剥夺了你所有的私人时间。让你觉得任何人都比自己重要。压力也会扰乱和分散你的思维,使你感到无法集中注意力。

**魔力悄悄话**

那么,你应该怎样处理这个危险的循环呢?解决办法通常很难找到,尤其是问题究竟从哪里开始都不甚清楚的时候,更是如此。你是怎么进入的,又是怎么踩刹车的?进入和踩刹车,就是解决问题的方法。

# 自尊应建立在适度的压力之上

打破"压力——自尊"循环的第一步是分离能够掌控的事情。这不一定要与自尊有关。重要的是必须从一件事情开始,因为压力的特征之一就是缺乏重点。

如果生活中有太多的事情让你手足无措,你也许就知道茫然徘徊、一事无成的滋味了。

假设你完成了某个项目的一部分,却不得不转战另一个即将到期的项目,当这个项目有点眉目的时候,又有别的事情需要你的关注。你还没反应过来,一天已经过去了,你却什么都没完成。

因此,再次强调,打破循环的最好方法,就是选择一件你能够控制和完成的事情。确实,还有很多事情需要处理。但是,只要你保持现在的感觉不变,这些事情就不可能完成。你知道这是事实! 改变现状的唯一方法就是集中注意力。

选择做什么取决于你所受压力的种类。让我们看看你有哪些克服压力的方法,尤其是那些同时可以增强自尊的方法。也让我们看看怎样最有效地实施各种战略。

## 自尊筹建计划:从 A 点到 B 点

消除生活中的过度压力可以增强自尊,因为压力消除之后,你的感觉会变好。因此,本书所有的压力管理战略都有增强自尊的内在倾向。以增强自尊为目的实施这些战略,效果也将更快更好。记住,必须有始有终。

从 A 点开始,走完全程,到达 B 点,不要中断,也不要偏离轨道。

所有战略都不超过 30 分钟,因此,你没有理由拒绝实施。任何人都能从繁忙的一天中抽出 30 分钟,让自己感觉更好,效率更高。难道认识自我和思考生命不值得你每天花费短短的 30 分钟吗?

**冥想散步**

这种方法适合两类人群:平时锻炼不够,和过分担心生活中的负面事物的人。你知道自己属于哪一类! 冥想散步要求在 30 分钟开始的时候,主动控制自己的生理和心理状态。如果你整整一天都担心地坐在办公室,到头来却一无所获,你就应该每天进行冥想散步,而且迫切需要。你可以在 30 分钟之内假装成积极的乐观主义者,最终,冥想散步就会潜移默化地产生功效。

正如你所知道的,运动能够释放压力,冥想散步也能在释放压力的同时改善你的自我感觉。

你需要做的就是这些:穿上舒适的适合中度锻炼的步行鞋和衣服,保持良好的自我感觉。

换言之,将标准定为,如果在散步途中邂逅某人,你也不会对自己的着装有异样的感觉。梳头,洗脸,擦点防晒霜,出于人性化的考虑,还可以略施粉黛。走到门口,做 5 次深呼吸。大声说:"我已经准备好思考生活中的所有美好事物了!"

然后出门,以中等速度走 30 分钟:有运动的感觉即可,不要太快。避免疲惫、沮丧和肌肉酸痛的出现。

散步的时候,保持深呼吸。最重要的是,开始思考生活中的美好事物。

你可以考虑下面这些问题:

·哪些事情有用?

·生活的哪些部分使你感到高兴?

·哪些人让你生活得更好?

·你爱谁?

· 你喜欢自己的哪些方面？

· 你最喜爱的记忆有哪些？

· 你喜欢去哪些地方？

· 你最喜欢做哪些事情？

· 你最中意的食物是什么？

· 你最喜欢什么样的书？

· 你为什么喜欢家、宠物、汽车和工作？

· 你在生活中的哪些方面最为成功？

你可以想得很笼统，比如"我喜欢小孩"；也可以想得很细致，比如"我建立了按时付账、努力工作的整套计划"。

如果集中思想有困难，可以设立目标，比如每走 25 步或每呼吸 5 次就在列表上添加一项内容。如果思维堵塞，必须停下来，直到想起某事，然后继续上路。

冥想散步的挑战在于 30 分钟之内，把那些你认为自己应该做的，却没有意义或消极的事情统统抛开。

散步结束之后，你可以回到工作中，但是现在，必须抛开！你回来的时候这些事情还在，不过没有以前那样纷繁复杂了，因为你已经理清了思路。冥想散步过后，你的生活会更美好，自我感觉也会更好。

## 清理厨房的水池

如果你有繁杂的家务，屋子的脏乱使你感到压力重重的话，下面这个活计就最适合你了。它会帮助那些无力控制家务活的人彻底改变生活状态。

清洁水池有着缓解压力的神奇效果。正如有人说的："厨房解决了，别的地方也就解决了。"我要加一句："厨房问题解决了，你的生活问题也就烟消云散了。"厨房是屋子的心脏和灵魂，如果把屋子看成生活的标志

（《风水》上所说），那么，保持心脏和灵魂的完美有序必将重塑你的全部生活。

如果你并不属于厌恶整理东西的那类人，这个方法就不适合你了。但是，如果你和我一样，或许就会觉得厨房是生活最清楚、最直接的反映。光亮的厨房让你自我感觉良好，觉得整个生活都井然有序。

厨房是我之前提过的压力循环的绝好切入口。无论多忙多累，只要你花费30分钟，甚至15分钟，走进厨房，把干净的盘子放进橱柜，把用过的盘子放进洗碗机，往水池里倒些清洗液，洗掉剩下的脏盘子（如果实在没有时间，可以暂且放在别的台面上），然后清理水池，做完这些事情过后，你必将对自己的变化惊叹不已。

坚持每天都做，尤其是每个晚上，走进厨房，本来想着脏兮兮的水池旁边堆满了没有洗过的盘子，就连水壶都找不到立足之地，而你看到的却是干净闪亮的水池，这种效果会让你大吃一惊。真的！确实有用！如果你觉得有所帮助，立刻就做吧。

当你看到脏乱的厨房水池变得干净整洁，你内心的烦躁情绪也会随着扫除一空，这对于良好情绪的培养是有利无害的。


## 接近绿色

说到自然之美，比如森林、山峦、花园等，有些人既会享受，又能抛开，有些人觉得置身自然之中，或者只是观望一眼，他们的生活和整个世界都会产生巨大的变化。

如果你对印度医学感兴趣，觉得自己像只八色鸫（东半球一种八色鸫科亮丽多彩的栖木鸟，生活在亚洲、澳大利亚和非洲的森林中，长有坚硬的嘴、短尾和长腿），你或许就是这种人了。

即使你不懂印度医学，也应该知道自然美能否影响自己。

即使生活在城市，你也可以利用大自然的美景释放压力，改善自我感

觉。处在自然美景的意象之中时,你整天都会觉得轻松。以下方法可以达到这种境界:

· 把电脑桌面和屏幕保护设置成轮换的风景图片。登录某些网站,可以免费下载桌面和屏幕保护图片,其中很多图片都是关于风景、动物以及风暴、云海等自然现象的。

每天早晨选择自己喜爱的图片,就像一次迷你度假。虽然没有身临其境,看看图片也能让你神清气爽。

· 今天晚上,不要看电视剧,也不要到剧场门口排队入场,看看"发现之旅""动物星球"或者公共频道的"请您欣赏"。这对大脑很有好处,是你的精神食粮,还能增长见识。

· 花30分钟的时间,在你的小天地中溜达溜达。即使花园或公寓周围的空地非常狭小,也会有些绿色植物。放慢脚步,仔细观察每一棵树、每一朵花、每一片草坪和每一个花坛。不要想别的事情,就想着你能看到多少东西。

· 试着了解住所周围的树木。有些文化相信树是精神的守护神。看看那些树,想想它们的精神世界。如果被感动了,你或许真的需要它们的保护。谁知道呢?

· 如果住所周围没有值得观赏的风景(即使一朵鲜花也是值得观赏的),可以步行或开车去稍远的地方,比如公园、绿化精致的街区等。到处走走,仔细观赏。

让心灵仅仅容纳大自然的美丽景色,不要给焦虑留下滋生的空间,至少在这30分钟之内,你的目标是欣赏自然风景。

· 开辟一个花草园地,可以播种培植,也可以从种植园主那里移植。把花盆放在院子里、露台上、前后门的台阶上或者阳光充足的窗台上。每天都要精心照料,就让灵魂尽情地吮吸维生素吧。

去本地图书馆或书店浏览载有大量风景画的图书。你或许会被那些图片带上神奇的旅程:夏威夷、洛基山、欧洲、非洲、中美的热带雨林……放开想象的缰绳,尽情驰骋30分钟吧!

下次假期去自然风景地游玩。大峡谷、加勒比海、国家公园、森林、海滩……都是不错的选择。当然，这远远不止 30 分钟，但是如果平摊到一年之中的每一天，也就微乎其微了。

**魔力悄悄话**

人类来自自然，所以经常感受自然之美，就好像回到了母体之中，能够让人内心宁静祥和。

# 坚持到底

如果觉得生活中的琐事都乱了套,就应该试试这个方法了。如果事情太多,根本没有可能全部做完,那就抽出 30 分钟,集中精力完成下述列表中的一件事情,由此产生的成就感,远远大于 20 件做到一半的事情所能带来的成就感。这些事情都不需要花费太长的时间,却都是很多人不容易做到的。如果置之不理,就会有思想负担,压力也会加重,随之产生失控的感觉。

每天完成列表中的一件事情,你的自我感觉就会大不一样。坚持 1 周,你就能看到效果。

·清洗汽车。扔掉所有的垃圾,整理出可以重复使用的东西,把本该属于屋子的物品放回原处。用手动吸尘器清理地毯,用玻璃清洁剂擦拭门窗。

·整理钱包。扔掉所有不需要的东西。把收据归类保存。把所有物品放到正确的位置。整理好所有纸币,使其全部面朝一个方向。取出零碎的硬币,放到储蓄罐里。(如果每天坚持,你很快就会发现储蓄罐里的钱连支付学费都绰绰有余了!)

·整理衣柜。把不属于衣柜的物品放到应该放置的地方。把从衣架上滑落或即将滑落的衣服挂回原处。把所有的围巾、帽子、手套、耳包放进专门的箱子。扔掉那些不合适的或者没人需要的东西。哇!谁知道原来有那么大的空间。

·平衡你的支票簿。不要为之恼怒或不安。好好处理即可。

·给牙医打个电话,预约就诊。然后准时赴约。

·走到办公桌前,任选一叠易于处理而又急需归档的文件,整理这叠文件中的所有资料。

· 喝一大杯水,一口气全部喝完。

· 清除起居室里所有平面上的灰尘。仅需 5 分钟,一切都将焕然一新。

· 铺床。

· 沐浴或冲凉,全身涂满保湿乳液,穿上浴袍,放松 15 分钟。

· 读完你正打算看的那本书的一个章节。

· 还记得你要打电话处理与公司之间的问题吗? 现在就打吧。

· 打扮你的宠物狗。

· 还记得你想告诉那个人某件事情,却总是忘记或拖延吗? 现在就告诉他(她)吧。

· 抽出 15 分钟(仅仅 15 分钟!),体验你的个人时间。请别人不要打扰你,然后进入安静的房间,打开定时器,在这 15 分钟里,做一些你真正想做的事情。

阅读、听音乐、缝纫、削玩具、吹口哨……什么都可以。不要欺骗自己。从开始到结束,做满 15 分钟。瞧! 你已经准备好下面的工作了。

这些真的如此困难吗? 相信你的感觉已经好多了。

**魔力悄悄话**

通过做一些日常生活中的小事,培养起自己的自尊,然后用怀着这样的自尊去面对逆境,必然事半功倍。

# 关爱自己

为了生活中的其他人进行自我压力管理固然没错,但是,你必须同时为自己负责。自尊的基本意义就是认识关爱自己的价值。当然,这意味着你能更好地关爱他人。佛教有云:"化身为照耀自己的一道光芒。"认识自己,关爱自己,这样,你将学会如何爱,如何欣赏以及如何尊重自我。

没有人比你更了解你自己,如果你不试着理解自己,就不要奢望别人理解你。因此,一定要理解、分析、培育、尊重自己。剩下的一切,包括引起生活压力的所有因素,都将回归原位。

## 魔力悄悄话

产生压力的时候,你应该知道,外界压力不会改变你的身份和价值,也不会改变关爱自己的个性化及宝贵程度。

# 第八章
## 知己知彼，深度剖析压力

压力本身是一个非常简单的概念：身体对特定程度刺激的反应。但是，压力对你的影响可能与对你朋友的影响完全不同。你的身体会释放'肾上腺素和皮质醇应对压力，然而，你的压力可能来自苛求的上司，来自 10 个难以监督的下属，或者来自不可能达到的最后期限。无论面临怎样的压力，都应该正确面对，努力克服。

# 压力面面观

压力本身是一个非常简单的概念：身体对特定程度刺激的反应。但是，压力对你的影响可能与对你朋友的影响完全不同。你的身体会释放肾上腺素和皮质醇应对压力，然而，你的压力可能来自苛求的上司，来自10个难以监督的下属，或者来自不可能达到的最后期限。你朋友的压力可能来自留在家里需要照顾的4个孩子，来自紧张的经济预算。有人或许承受着慢性骨关节炎带来的压力，也有人可能被漫长无期的情感问题纠缠不休。

只有识别了你在生活中经历的特殊应激物，与你的个性相联系的压力倾向，以及你处理压力的独有方式，才能设计真正适合你的压力管理组合。

比如，本来就被错综复杂的人际关系搞得精疲力竭的人，增加社交活动的方法就没有意义了。相反，那些因为缺乏支持而感到压力的人或许就能从社交活动中获益。有些人通过冥想可以获得深度镇静，有些人却深受折磨。有些人觉得自信训练能够释放压力，真正自信的人却学着把工作留给别人，让自己清闲无事。

你可以把个人压力剖析图（PSP）看成业务策划书。你就是业务，没有达到最高效能的业务。你的个人压力剖析图就是整项业务的概况，以及阻碍业绩提升的所有因素的具体性质。有了个人压力剖析图，你就能有效设计自己的压力管理组合。不知不觉中，你就已经进入顺利、高效、富有成果（快乐自然不在话下）的轨道。

那么，你该怎样控制生活中纷繁复杂的压力呢？又该如何一一应对呢？你可以从本章提供的各项测试中获取关键信息，在此基础之上，编制自己的个人压力剖析图。

你的个人压力剖析图由4部分构成：

1. 你的抗压临界点。

2. 你的压力触发因素。

3. 你的压力弱势因素。

4. 你的压力反应倾向。

一旦知道自己能够承受多少压力，哪些事情会引起压力（即使不会对朋友、配偶、兄弟姐妹引起压力），自己的压力弱势在哪里，以及倾向于如何应对压力，你就能建立自己的个人压力管理组合。这就是业务计划。找到问题之后，就能制订战略。你可以订立计划，通过压力管理来改善生活。

魔力悄悄话

对于不同的人，"压力"有着千差万别的意义。因此，任何人实施有效的压力管理方案之前，都必须分析自己的个人压力剖析图。

# 抗压临界点

注意，这里说的是控制压力，不是消除压力。因为消除所有压力是不现实的。在这之前已经提过，有些压力对你是有益的：可以为你补充体能，可以让生活更有趣、更刺激。

我们不是都需要一定程度的压力吗？我们厌倦了无聊的日常工作，盼望一次令人兴奋的假期。我们渴望彼此相爱的感觉、结识新朋友的兴奋、晋升的挑战、学习新知识、参观新地方，及在陌生的新城市或镇上不熟悉的地方迷路（很短的时间）时进发出的火花。

换言之，过度的压力会造成伤害，适度的压力却有益健康。因此，消除生活中的全部压力是没有道理的。适当的压力很有益处，只要不是周而复始，杳无宁日。

最后，大多数人会选择平衡，或许是例行公事，或许是较早的上床时间，或许是在家用餐。

可能你已经注意到，有些人在持续的变化、刺激和压力之下，仍然能够保持旺盛的精力。

想想到处奔波的新闻记者和网络管理员，想想那些能够把平凡生活写成伟大剧作的人。

另外一些人却更喜欢高度规范，甚至形式化的生活方式。比如那些从未离开家乡又能知足自乐的人。

当然，大多数人处在两个极端之间。我们喜欢旅行，希望偶尔经历一些刺激的事情，然后回到家里，恢复以往的常态（常态就是平衡，我们最佳的生活状态）。

虽然每个人情况有所不同，大体上说，压力也会给你带来良好的感觉，还能改善你的绩效表现，直到某个特定的转折点：你的抗压临界点。如果压力到达这一点后继续增长，你的绩效就会下降，对身体造成的影响也会从正面变成负面。

**魔力悄悄话**

无论你是哪种类型的人，让你反应迅速、思维敏捷、产生兴奋感的体内变化只能持续到某一点。超过这一点之后，压力就从积极转为消极。这就是所谓的抗压临界点。

# 压力触发因素

如何到达转折点因人而异。有人遭遇了一场车祸，有人即将参加大学入学考试，两者的压力触发因素完全不同，但承受的压力或许所差无几，这取决于车祸的严重性和入学考试的重要性。当然，两个人的抗压临界点可能不同，对应试者而言的高度压力，对车祸受害者来说或许只是中等程度的压力。然而，两者的抗压临界点可能都高过那个一周之内经历 3 次偏头痛的病人。

换言之，你的压力触发因素就是引起压力的事物，而抗压临界点则决定了你能够承受多少压力，以及达到怎样的程度之前，压力所保持的积极作用。总而言之，你的压力触发因素组合是与众不同的。

**魔力悄悄话**

每个人的生活都有各自的特点，充满着不同的压力触发因素。

# 压力弱势因素

压力弱势因素使得整个系统更加复杂。有些人能够承受较多的压力（家庭问题除外），有些人可以忽视批评指责或别的个人压力形式（工作问题除外），有些人可以接受朋友和同事的所有指责。

压力弱势因素决定了生活中的哪些事件会对你造成压力，哪些事件不会使你感到压力（即使会给别人带来很大的压力）。

魔力悄悄话

由于个性、阅历、遗传等因素的不同，每个人面对特定的压力形式时，都会表现出独特的弱势和敏感度。

# 压力反应倾向

　　压力反应倾向，也就是你作为个人将对压力作出的反应，它进一步增加了整个体系的复杂性。遇到困难的时候，你会借助食物和烟酒发泄情绪呢，还是会蒙头大睡，或者向朋友倾吐苦衷呢？也许你会找朋友倾诉，或者进行放松练习和冥想。也许你对自己的弱势因素采取某种应对方法，对那些容易处理的压力又采取另外的方法。

　　让我们从你自身开始，识别你生活中的应激物，以及你对此的反应倾向。以下测试将揭示生活压力的每个细节。基于这个测试，你也能建立自己的个人压力剖析图。

魔力悄悄话

　　通过压力认知，有意识地追踪压力触发因素，以个性化的方式控制压力，尝试各种压力管理技术并找出适合自己的方法，建立并应用个人压力剖析图，这样，无论是消耗体能还是侵蚀脑力的压力，你都能妥善处理。

# 个人压力测试

现在,不要为测试感到压力。这是不计分的。把它当成了解生活和个人倾向的机会。慢慢做,不用着急！同时记住,你的回答和整个压力剖析可能随着时间而改变。在今年、这个月、这个星期还是非常沉重的压力,到了明年、下个月、下个星期或许就变得轻松不少。到那时,你可以再做一次测试,看看压力管理组合的实施效果。至于现在,就你目前的状况回答以下问题。

## 第一部分:你的抗压临界点

在最适合你目前状况的答案上画圈:

1. 以下哪句话最能描述你平时的生活状况?

A. 令人舒心的规律。我每天起床、用餐、工作、娱乐的时间基本相同。我喜欢这种有序的生活。

B. 令人愤怒的规律。我每天起床、用餐、工作、娱乐的时间基本相同。枯燥的重复简直要我的命。

C. 基本规律,却无次序。大部分日子,我会遵循起床、用餐、工作、娱乐的套路,但我从不关心做这些事情的具体时间,如果有什么新鲜事发生,那就太棒了！我一定会看个究竟。

D. 极不规律,压力沉重。每天都有事情扰乱我的计划。我渴望规律的生活,可我的努力总是没有结果。

2. 饮食或锻炼不规律的时候,将会发生什么?

A. 我会伤风、感冒、过敏、浮肿、疲倦,还会出现其他提示我的良好习惯将被打破的信号。

B. 我并不关注饮食和锻炼,但是大部分时间感觉良好。

C. 饮食? 锻炼? 如果我有足够的时间和精力把这些事情安排到日程表里的话,我也许会尝试。

D. 我很激动,而且兴致高昂。我喜欢打破常规,我想让自己进入不同的状态。

3. 如果被某人批评,或者被某个权威人物指责,你会有怎样的感受?

A. 我会惊慌、失望、焦虑、抑郁,好像发生了某件不受我控制的可怕事情。

B. 我会生气,产生报复心理。我会被所有可以或应该的应对方式所困扰。我会精心设计报复计划,即使我并不打算付诸实施。

C. 我会感到气愤和伤痛,但不会持续太久。我的重点将是如何避免此类情况的再次发生。

D. 我觉得被大家误解了。我知道自己是正确的,却又无能为力,这就是天才的代价!

4. 无论什么原因(音乐会、演讲、演示、讲座),你正在为在众人面前的表演做准备,你此时的感受是什么?

A. 我觉得想呕吐。

B. 我觉得很刺激,有点颤抖和紧张,精力充沛。

C. 我会避免这种情况,因为我不喜欢在众人面前表演。

D. 我觉得表现自我的机会到了,跃跃欲试。

5. 处在人群中间的时候,你有何感受?

A. 高兴!

B. 惊慌!

C. 我觉得会有麻烦出现。为什么不报火警呢?

D. 暂时觉得没事,然后就准备回家。

## 第二部分：你的压力触发因素

在最适合你目前状况的答案上画圈。如果没有一项符合你的情况（比如，你对自己的工作和生活十分满意，没有感到任何压力），请不要做任何记号：

6.关于住所，你觉得哪些问题最有压力？

A.我觉得城市污染/室内过敏原会带来压力。

B.我觉得和家人的频繁争吵会带来压力。

C.我觉得睡眠不足会带来压力。我的起居环境（新生婴儿、吵闹的室友）根本不让我获得必需的睡眠时间。

D.我觉得家人的突然变化会带来压力，比如突然的消失（搬走、去世）和出现（搬来、新生婴儿）。

7.你应该改变哪些习惯？

A.我不应该长时间地待在室内，而要经常呼吸新鲜空气。

B.我不应该总是压抑自己。

C.我不应该吸烟、喝酒、暴饮暴食。

D.我不应该太在乎别人对我的看法。

8.哪些事情可以改善你的生活？

A.离开城市；离开乡村，离开小镇，离开郊区，离开这个国家！

B.认清自我。

C.更健康，精力更充沛。

D.更多的权力、更高的声望、更多的金钱。

9.你真正害怕的是什么？

A.我害怕节日，节日的喜庆气氛使我沮丧。

B.我害怕失败。

C.我害怕生病和疼痛。

D.我害怕在很多人面前讲话。

10. 你对自己的生活和事业有何感受？

A. 我觉得如果换个完全不同的工作环境，我会更开心。

B. 我觉得很失望。我不能充分施展个人技能。

C. 我觉得压力很大。由于各种轻微的病痛，我已经用完了所有的病假。

D. 我觉得被迫遵循同事的工作方式和上级对我的期望，即使感觉不舒服也无能为力。

# 第三部分：你的压力蓄势因素

在最适合你目前状况的答案上画圈：

11. 你将怎样描述自己？

A. 我很外向，和别人接触的时候就会精神奕奕。

B. 我很内向，独处的时候精力旺盛。

C. 我是个工作狂。

D. 我喜欢照顾他人。

12. 什么使你感到紧张？

A. 我想到财务状况时会感到紧张。

B. 我想到家庭问题时会感到紧张。

C. 我想到爱人的安全问题时会感到紧张。

D. 我想到别人对我的看法时会感到紧张。，

13. 当生活的大部分受你控制的时候，你会在哪些方面突然失控？

A. 吃太多东西，喝太多酒，花太多钱。

B. 异常担心。

C. 不断地打扫或整理房间

D. 总是闭不上嘴！不断地惹恼甚至侵犯他人。

14. 你怎样描述自己的工作情况？

A. 我很有动力。踌躇满志。

B. 我在混日子。工作很无聊,却难以完成。

C. 我很满意,也为工作以外的生活感到高兴。

D. 我非常不满。只要有机会尝试,我可以把事情做得更好!

15. 你在人际关系方面的能力如何?

A. 我总是受人控制。

B. 我是个跟随者。

C. 我总是在追寻自己没有的东西。

D. 我有些离群。

这部分测试主要是测试你在日常生活中最为关心哪些方面,以及在这些方面的基本要求。

# 第四部分:你的压力反应倾向

遇到以下情况时,你最可能采取哪种行动,圈出相应的答案:

16. 如果生活十分繁忙,又有很多社会责任和社会工作,每天都在为日程表中的事情到处奔走,遇到这种情况,你会怎么做?

A. 我会觉得手足无措,焦躁不安,失去控制能力。

B. 我会增加体重。

C. 我会精心设计详细的运作系统,保持生活的各个方面井然有序,我会坚持几个星期,直到最终放弃。

D. 我会削减现在的任务,同时拒绝新的任务。

17. 如果醒来时发现自己感冒了(喉咙痛、流鼻涕、四肢发冷、周身酸痛),你会怎么办?

A. 我会请病假,休息一天,享用蜂蜜茶。

B. 我会吃些感冒药,正常上班,装出没有生病的样子。

C. 我会去体操馆,参加跆拳道班,在踏车上跑几千米,好好出身汗。

D. 我有这么多事情要做,怎么可以感冒呢!我会担心生活中很多事情都会因为我的生病而变得混乱不堪。

18. 你将怎样处理人际关系问题？

A. 我会装作没有任何问题。

B. 我会要求讨论这个问题，而且立即讨论。

C. 我会感到沮丧，认为是自己的错，弄不明白自己为什么总会破坏人际关系。

D. 我会花些时间思考自己应该说些什么，怎样说才不会有责备的语气。然后和对方讨论具体的问题。如果没有效果，我至少能对自己说：我试过了。

19. 如果上司告诉你某个客户对你不满，然后叫你不要为此事担心，但要多加注意在客户面前的言行，遇到这种情况，你会有何感受？

A. 我会觉得自己被严重侵犯，连续数天被猜测客户和实施报复的思绪所困扰，还会因为他(她)让我在老板面前难堪而耿耿于怀。

B. 我觉得无关紧要，有些人就是过于敏感。

C. 如果冒犯了某人，我会觉得很惊讶，更会对整件事情如何发生的迷惑不解。然后我会异常礼貌地对待别人，甚至迎合他们，但我的自信心必定深受打击。

D. 我会觉得受到伤害，或者有点生气，但会听从上司的劝诫，不再担心此事。之后，我会更加注意与客户的言谈。

20. 如果第二天早上有一次大型考试或演讲，结果非常重要，睡觉之前你会有何感受？

A. 我会有点紧张，又非常兴奋，因为我已经准备充分。我将美美地睡上一觉，使自己处于最佳状态。

B. 我会很紧张，甚至会呕吐。我需要烟酒和饼干让自己镇静下来，尽管这些通常都没什么效果。我会睡得很不安稳。

C. 即使已经牢牢记住，我还会熬夜检查笔记。总觉得多看几遍不会有坏处。

D. 想着考试或演讲会让我紧张，我就故意装出若无其事的样子，尽量不去想它。

这部分测试的目的是看你对于在压力面前的反应，从而测算你对压力的敏感程度。

## 第一部分：抗压临界点分析

在下面的表格中圈出你的答案，找出答案出现频率最高的纵列：

|  | 略低 | 略高 | 太低 | 太高 |
|---|---|---|---|---|
| 1. | A | C | B | D |
| 2. | A | B | D | C |
| 3. | C | D | B | A |
| 4. | C | B | D | A |
| 5. | D | A | C | B |

抗压临界点表示你能够承受多少压力。如果你的答案在多个类别均匀分布，说明你在某些方面可以承受很多压力，在别的方面只能承受少量压力。或者说你生活的某些部分压力太大，其他部分压力适中甚至太低。以下就是抗压临界点揭示的内容：

如果你的大部分答案集中在略低纵列，说明你不能承受太多压力，你也知道这个事实，能够有效采取限制压力的各种措施。当你为自己设计的安逸规范进行顺利，而且没有太多意外发生的时候，你将会表现得最好，也会最开心。你可以在短期内面对压力环境，但是每次休假之后，无论假期多么完美，你总会期盼着回家，总会回到自己的轨道上，遵循每天（早晨开始工作，晚上一边吃饭一边看新闻）、每周（每个星期五和挚友在咖啡店约会）、每年（永远不变的感恩节菜单、情人节聚会和系统的春季大扫除）的计划。

你已经有了适合自己的规范，如果某事超出了规范，你就会感到压力。认识到自己较低的抗压临界点，你就有很多保持生活低调和有序的工具可以运用。

或许你很轻易就能拒绝生活中多余的事情；或许你可以在假期的周末去度假，却整个寒假都待在家里，因为这就是传统。

当生活发生巨变，或者失控的环境扰乱了你的日常计划，你必须掌握一定的技能来处理这些情况，这就是现在需要培养的技能。如果你或某个家庭成员生病了，如果你被迫换工作或搬到另一个城市，如果你踏进校园或从学校毕业……无论你喜欢与否，变化总是不可避免的。面对长期或永久性的变化，你的日常规范必须足够灵活，才能适应新的环境，这种调整可能是暂时的，也可能是永久的。对于短期变化，你或许只要临时搁置钟爱的日常规范就行。

如果你的大部分答案集中在略高纵列，说明你能够承受相当高的压力，你还是喜欢多些刺激的生活。没有太多日常规范的时候，你的表现会更好，也会更开心。你或许逍遥自在惯了，喜欢观赏下一个生活弯道即将发生的变化。严格的规律会使你无聊至极。当然，在生活的某些方面，你也喜欢传统和礼节性的东西。你或许有喝早茶的习惯，关注金融消息的同时，还兴味盎然地看卡通漫画。也许今天在厨房喝，明天在院子里享受，后天却为了多睡 45 分钟不得不把早茶带到地铁上。

你或许不会按时用餐和锻炼，而这正是你所喜欢的状态。你已经有意或无意地设计了能够让自己开心和兴奋的生活方式。你喜欢有趣味的事情，因而抗拒规范，并且允许足够的压力进入生活，使你保持高效运作。在混乱喧哗的活动中，你的效率有时可能会下降，但是，只要有压力能让你开心，你仍能集中精力。

多少压力能让你满意，必定有一个最高点。你的最高点也许比别的人高。也许你比朋友更能承受压力。然而，即使是你，也存在某一最高点，超过之后，压力就会太多，你的情绪、身体和精神也会遭受损伤。

当然，不是所有的变化都能令人愉快。你能够成功掌握的压力管理技术恰恰能帮助你应对那些令人讨厌却又难以逃避的变化，比如疾病、伤痛、亲人的去世等。即使你不会一直想着这些事情，你也会发现自己很难集中精神。冥想和其他类似的技术可以带来外表和内心的平静，让你学会自律和放慢速度（无论喜欢与否，任何人都有需要放慢速度的时候）。学习如何规范自己的生活也能让你获益。虽然你没有选择这种方式，但是，当你生病了，有了小孩，或者和抗压临界点较低的人一起生活，学会规范必定大有裨益。你已经相当灵活,学习各种压力管理技术将使你更灵活、更自律、更能妥善处理各种各样的情况。

如果你的大部分答案集中在太低纵列,说明你的抗压临界点很高,现在承受的压力远远低于这一点,也可能是你的抗压临界点相对较低,但是你目前的状况仍然处在该点之下。既然你还没找到最佳的压力水平,任何人都无法给出确定的答案。总之,必须增加刺激,你才能达到最理想、最开心的状态。

或许你的生活高度规范,使你无法忍受。你渴望刺激、变化,渴望任何东西,即使挪动起居室的家具也能在死寂中激起少许波澜。

没有达到抗压临界点会使你沮丧、愤怒、充满敌意和抑郁。你没有发挥出潜能,但是你可以采取行动!害怕换工作吗?准备充足的储蓄,然后做一次大冒险。学习一项新技能,加入一个新组织,为生活添加自己感兴趣的社交活动。如果觉得婚姻缺乏情调,千万不要正面冲撞,找个咨询专家,请他帮你为感情加料。你总是待在家里照管一切吗?学习上网吧,你会发现电脑以外的精彩世界。打电话问候一下老朋友,也可以画画,或者写你心中的那本小说。

无论你是否相信,压力管理技术会给你带来帮助。比如,学习各种形式的冥想技术就能让你大展拳脚,兴奋异常。

如果你的大部分答案集中在太高纵列,你或许非常清楚自己已经处在高于正常压力的位置。你或许正遭受着压力带:来的负面影响,比如频繁的疾病、无法集中精神、焦虑、抑郁、自我迷失等。你或许经常觉得生活失去了控制,自己的处境又毫无希望。不要丢掉这本书!你将从各个章节中学到很多压力管理的技术。你的生活状态将会改善,这在任何时候都不会太迟。你行的!深呼吸,继续读下去吧!

缺乏足够的压力达到抗压临界点也是压力的表现形式之一,让有趣而积极的变化来满足你的需求,让压力管理技术帮你摆脱沮丧、敌意和抑郁。压力管理本身就是充满刺激和困难的学习过程。

## 第二部分:压力触发因素分析

统计你在这部分选择 A、B、C、D 的次数。对于选择多于一次的字母，请参阅以下内容:

两次或两次以上的 A:你正在遭受环境压力。这是来自周围世界的压力。你可能住在污染严重的地区,比如吵闹的街区旁边,或者和吸烟的人住在一起(也许你自己就是个烟鬼);你也可能对周围的某些事物过敏。总而言之,你深受环境压力的影响。环境压力还包括环境变化给你带来的压力。或许在过去的几年中,你的邻居变更频繁;或许你的房子正在重新装修,或许你即将搬入新居或搬到别的城市。家庭成员甚至宠物的变化也是相当大的环境压力因素。婚姻和分居也是如此。虽然也有来自个人和社会的压力因素,但是家庭成员的组成发生了变化,因此也被纳入环境压力的范畴。

有些人对天气很敏感。暴风雪、雷阵雨、台风或者绵延数日的阴雨都能成为压力来源。每次听到隆隆的雷声时,你是否感到焦虑和惊恐? 看天气预报的时候,你是否担心暴风雨的到来?

大多数环境应激物都是不可避免的,但是某些技术能够帮助你把应激物看成普通的客观事件。如果你被环境应激物所困扰,可以参阅以下压力管理技术。

· 冥想(用于观察、疏远环境)

· 呼吸法(用于镇定)

· 锻炼法与营养法(增强体质,抵御环境压力)

· 维生素与矿物质治疗法、草药疗法、顺势疗法(增强免疫系统的功能)

两次或两次以上的 B:你正在遭受个人压力。这是来自个人生活的压力,包括个人情感认知的各个方面,以及自尊和自我价值的体现。如果你对自己的外貌不满,觉得没有能力达到目标或实现理想,感到害怕、羞涩,缺乏毅力和自控能力,饮食不规律,有不良嗜好(也是生理压力的来源),以及别的使你不开心的个人问题,就说明个人压力的存在。即使极端的喜悦也会造成压力。假设你疯狂地坠入爱河,闪电式地结婚,最近又被提升,赚了一大笔钱,还开始了自己梦想的事业,你同样会感到个人压力。这种情况下,很容易产生自我怀疑,不安全感,甚至足以破坏成功的过分自信。

换言之,个人压力产生在你的意念之中。但是,这并不意味着个人压力比环境压力或生理压力更加虚幻莫测。如果有区别的话,只会是个人压力更真实。处理个人压力最有效的技术就是控制自己的思想和情绪。运用这些技术可以尝试:

· 冥想

· 按摩疗法

· 习惯重塑

· 放松技术

· 可视化

· 乐观疗法

· 自我催眠

· 锻炼(瑜伽、举重等)

· 创造性疗法

· 梦境日志

· 朋友疗法

两次或两次以上的 C:你正在遭受生理压力。这是针对身体的压力。虽然各种形式的压力都会引起生理反应,有些压力却是来自纯粹的生理问题,比如疾病和疼痛。伤风感冒就是疾病带来的压力。

扭伤的手腕或脚踝也会使身体感到压力。关节炎、偏头痛、癌症、心脏病突发、中风……无论轻重缓急,都是生理压力的表现形式。

生理压力也包括体内的激素变化,比如经前综合征、怀孕期和更年期的波动,以及失眠、慢性疲倦、抑郁、极端无序、性功能障碍、饮食不规律、不良嗜好等引起的各种变化和失衡。对有害物质的沉溺是生理压力的来源之一。酒精、烟碱(俗称尼古丁)以及其他药物的错误使用也会造成压力，就连处方药都可能成为生理压力的来源。治疗某种病痛的时候，其副作用往往会引起严重的压力。

虽然很多生理压力无法控制，不良的生活习惯却是可控因素，这是重要而又常见的生理压力形式。熬夜造成的睡眠不足、不良的饮食习惯(过量或不足)、运动过度或缺乏锻炼、自我关爱意识的普遍缺乏，诸如此类的因素，都能对身体造成直接压力。

缓解生理压力的最佳途径是追根溯源。很多压力管理技术都是直接针对生理压力的，以下这些就可以尝试。

· 习惯重塑

· 营养与运动平衡

· 按摩疗法

· 可视化

· 放松疗法

· 冥想

· 维生素治疗法、草药疗法、顺势疗法

两次或两次以上的 D：你正在遭受社会压力。宣称不在乎别人如何看待自己的人往往都是口是心非。人是社会动物，我们所处的社会复杂多变，相互联系，而且正在向全球化发展。我们当然在乎别人的看法。我们必须在乎，我们不能脱离整个体系。当然，为了健康，我们不应该在乎太多，但是，正如大多数事情一样，最理想的状态是达到平衡。

社会压力与你在他人面前的表现有关。别人是怎样看你的？他们对你的所作所为和发生在你身上的事情是如何反应的？订婚、结婚、分居、离异……既是个人压力的来源，也是社会压力的来源，因为人们必将对婚姻关系的形成和破裂产生各自的观念和反应。这在成为父母或祖父母、升职、失业、婚外情、盈利、损失等情况下也同样成立。社会总是密切关注这些事件，并且影响他人对你的看法(是否正确，是否正当)。你受到社会压力的影响程度取决于你对公众舆论的容忍能力。如果社会压力已经侵扰到你的生活，这些技术可以供你参考和尝试。

· 锻炼

· 态度调整

· 可视化

· 创造性疗法

· 朋友疗法

· 习惯重塑

人生活在社会上,会受到诸多方面的影响,而这些难以避免的影响也是人产生压力的根本原因。

# 第三部分:压力羁势因素分析

和压力触发因素不同,压力弱势因素与你的个人倾向有关。每个人的压力触发因素不尽相同,此外,每个人的性格和对特定压力的弱势因素也互不相同。你和某个朋友的工作或许都很紧张。你可能对工作压力特别敏感,由此产生的困扰使你感受到的压力远远超过实际情况;与此相反,你的朋友也许能够妥善处理压力。另一方面,你们都有两个孩子,你的朋友总是为此操心劳累,而你却能很好地控制压力。

在此部分,每个答案都能揭示你最容易受到哪类压力的影响。根据下面对答案的分析,你可以找出自己的弱势因素。

独处的时间太长,缺乏满意的人际交往:11. A,13. D

外向的人会偶尔享受独处的乐趣,但是时间一长,就会觉得精神萎靡。他们需要保持与外界的充分接触,才能精神奕奕,意气风发。他们在团队工作中的表现最好,个人工作则几乎不可能完成,因为得不到足够的鼓励和动力。对他们而言,人际交往至关重要,如果没有伙伴,就会觉得生活不够完整。他们有很多朋友,从朋友那里获得能量、支持和满足。

外向的人在说话之前往往不知道自己在想什么,他们直言不讳,从不遮掩。朋友疗法、日志法、群体疗法、冥想课程、运动课程、按摩疗法对外向的人特别有效。

与人相处的时间太长：11. B，15. D

内向的人喜欢偶尔的人际交往，但是不能太多，否则就会精力枯竭。和他人相处之后，他们需要独处的时间来恢复精神和体力。他们在人群中间很难有出色的表现。

他们在家庭办公室或远程工作时的效率最高。尽管他们不一定害羞，人际交往也能让其获益匪浅，但是，他们仍然需要独处的时间。内向的人在说话之前肯定会深思熟虑。他们有时看起来很冷漠，与外界的联系好像被一片宽阔的海湾所阻隔。这或许是需要独处的信号，你的身体需要补充能量。有时候，这也可能是独处时间太长的信号。必须找到平衡！内省技术和冥想、可视化、心轮中心等独处技术对内向的人很有好处。

看护人的难题：11. D

自找烦恼的人喜欢担心需要自己赡养的人。如果你为人父母、祖父母或者是年迈的双亲或祖父母的看护人，你就面临着巨大的压力，你必须保障他们的健康和安宁。这个负担并不轻松，即使你已经做好承接的准备，也会感到压力重重。如果你是疼爱孩子的父母，你的一切辛劳当然物有所值。但是，赡养对象的存在让你更容易担心，而担心又会使作为看护人的压力更加沉重。

学会处理看护人的压力首先必须承认压力的存在，然后就要像关爱赡养对象那样关爱自己。这绝对不是自私。如果忽视自己的身心健康，你就不可能成为合格的看护人。自我关爱的压力管理工具有多种形式，比如为创造力和自我表现开辟空间等，这对看护人尤其重要。不要害怕承认对于看护责任的复杂感情：热爱、气愤、开心、厌恶、感激、沮丧、恼怒、快乐……成为看护人听起来就像成为一个充满七情六欲的自然人，不是吗？有些人或许认为比自然人更自然。

财务压力：12. A

有些人无论赚多少钱，总会莫名其妙地从指间溜走，或者从那个众所周知的"衣袋破洞"漏掉。钱财是很多人的压力来源，也是常见的压力弱势因素。你觉得足够的钱财真的可以解决所有问题吗？你每天都会担心是否有足够的钱财满足自己的需要和愿望吗？你是否被怎样存钱、怎样赚钱、怎样花钱等问题所困扰？你是否非常看重他人的经济状况？

如果钱财是你的弱势因素，能够让你承担自己的财务责任（如果这就是问题所在）和从生活大局看待财务问题的压力管理技术就是你的选择了。钱财确实买不到快乐，但是摆脱财务压力却能让你获得更多的快乐！

家庭动力学:12. B

你爱他们。你恨他们。他们知道你好的一面，也清楚你坏的一面。无论喜欢与否，你和他们有着千丝万缕的关系，即使你决定不再和他们说一句话，也无法逃避这种关系。是的，我说的正是你的家人。

对很多人而言，这是压力的一大来源。家人清楚地知道我们现在是谁，曾经是谁。这会给我们带来沉重的压力，尤其是我们想逃脱过去的阴影的时候。众所周知，家庭成员最清楚我们的弱点。谁会比兄弟姐妹更能让你生气？谁会比父母更能让你陷入尴尬局面呢（即使你已经长大成人）？

家庭总会给人们造成一定程度的压力，但是对某些人来说，家庭的压力尤其沉重，可能是因为人员的混乱，也可能是因为过去的痛苦。如果家庭对你有压力，不妨做些改变，或者继续前行。你可能每天都被家人疏远，或者被他们纠缠不休。无论怎样，识别家庭压力都是处理的第一步。处理的方法取决于你的个人情况。你可以考虑发挥人际交往能力的技术，也可以尝试增强自尊基础的技术。日志法和别的创造性技术对家庭压力的处理非常有效，还有，千万不要忘了朋友疗法。朋友的好处之一就是他们不是你的家庭成员！

在很多人眼里，家庭都是神圣而充满温情的生活部分。是的，家庭也是压力的温床。这无关紧要。你深深地爱着家人，牢牢地黏附着他们，同时，你不得不承认家庭是生活压力的重要来源。谁说生活很简单？任何情况下，记着家庭的正面因素，记着家人对你的积极影响，这是减轻家庭压力的好方法。

强制性担心:12. C,13. B

如果你是这种类型，就再清楚不过了。你担心每一件事情，对此又无能为力。面对选择的时候，你就成了"担心专家"。你担心自己的体形、留给别人的印象，担心你的子女、孙子和孙女。总之，你就是不停地担心。担心天气，担心家庭，担心宠物，担心学校、工作、社交圈。你的朋友可能瞪大眼睛，愤愤地说："不要再担心了，行吗？"然而，直到此时，他们仍是你的担心对象。

但是，停止担心并不容易，自寻烦恼是个容易造成巨大压力的坏习惯。学会停止担心可以让你平心静气，使你每天的生活发生难以想象（不是因为太忙而没有时间想象）的奇妙变化。控制思想和停止担心是值得学习的重要技能。锻炼有助于摆脱忧虑，尤其是具有挑战性的锻炼。当你专注于瑜伽动作和跆拳道的套路时，就没有担心的空闲了。不要因为戒除每天看新闻的习惯而担心。你担心的已经太多了，如果真有重要的事情发生，你迟早都会知道的。最重要的是，学习如何提高担心的效率。担心那些你有能力改变的事情，设法找出改变的途径。担心那些你没有能力改变的事情完全就是浪费时间。生命有限，经不起这种无谓的浪费。

需要时时得到别人的确认：12. D，15. B，15. C

有些人从来不曾意识或关心自己有多"酷"。另外一些人却在建立和维护个人形象的劳碌中度过一生。如果你的形象比形象背后的自我更重要的话（即使某些时候有这样的感觉），形象压力可能就是你的弱势因素。如今，不关注形象已经很难了。外貌、魅力、"酷"……一切都难以抗拒。然而，过于关注是要付出代价的。一辈子都活在向他人展现自我的追索中，反而会丧失真实的自己。你会时常担心除了世人眼中的"你"之外的自己究竟是谁吗？形象困扰很有压力。即使一定程度的"酷"对你的失业和个人满足感的影响也很大，正确看待形象和正确看待其他事物一样，都是至关重要的。

形象压力是青少年面临的大问题，也是成年人不容忽视的问题之一。你必须寻求能够帮助你接触内在自我的压力管理技术。你对内在的自己了解越多，就越会觉得外在的自己多么肤浅，对形象也会丧失兴趣。认识自我，形象反而会得到提升。

或许你已经注意到了：内心安宁，满足真实自我的人看起来都相当的"酷"。

缺乏自控、动力和条理性:13. A,13. B,13. C,13. D

你给自己带来的压力已经超过了必要的程度,因为你没能控制好自己的习惯、思想和生活。当然,你不可能控制所有事情,如果你试图控制所有事情,就会滑到另一侧的控制问题。但是,在很大程度上,你可以控制自己的言行、反应、思想以及对外界的认知。这是对万物的有力控制,也是你真正需要的控制。很多人却忽略了,反而找些"生活受命运和他人摆布"的托词。

那么,生活中有哪些事情是我们可以比较容易地加以控制的呢?饮食习惯、锻炼计划、言辞刻薄的冲动、愤怒、咬手指甲、嚼铅笔上的橡皮、用完东西从不放回原处……这是我们能够控制的。这些都是简单的习惯,如果某个习惯给你造成压力,何不改变这个习惯呢?打破习惯很困难吗?活在长期压力之中可要难受得多。找些可以帮助你获得控制力的压力管理技术:让自己更有条理,更健康,更有责任感,甚至更像一个成年人。

需要控制:14. A,15. A

你已经控制了范围之外的事物。你知道做事的最佳方式,没有人能超过你。你喜欢控制,因为你相信自己知道的最多,大多数情况下也确实如此。现在的问题是,使每个人都听从自己(我能说"服从"吗?)是很有压力的。

那个家伙竟然在高速公路上超你的车!你走的是通行道!同事竟然不采取你提出的关于改进团队绩效的建议!他一定会后悔的!你也许承认需要一定的个人表现。人们应该尊重你的权威,不是吗?要求应得的尊重难道不对吗?

当然不是。我们都希望自己的成就得到认可。你的优势之一就是高度的自尊。但是,就像别的事情一样,自尊也可能超过一定的限度。记住,知道自己正确是一回事,要求每个人承认你正确却是另一回事。你可以从有助于放开统治缰绳、保持中立、跟随大众的压力管理技术中获益。你不需要被告知"做事";你不像别的懒鬼,你一直都在"做事"。你的招数是

"随它去"。根据自我意识的定义验证你的个人主义,你的压力必将大大减轻。卸下重压的生活更有趣味。

你的工作与失业:11. C,14. A,14. B,14. D

你可能喜欢自己的工作,也可能厌恶这份工作。但是,有一件事是肯定的:工作使你感到巨大的压力! 对工作压力抵抗力较弱的人可能有着压力特别大的工作,比如,被最后期限催逼的工作,充斥着难以打交道的同事的工作,承受着成功压力的工作。即使在某些人看来没什么压力的工作,对另一些人来说却有很大的压力。某个人轻描淡写地说:"嘿,我肯定能做好的。"但只要另一个人稍稍提及最后期限,他就会陷入无底的焦虑深渊。

如果工作压力对你影响很大,可以尝试适用办公室环境(包括家庭办公室)的压力管理技术,以及针对你可能遭遇压力的各种技术,比如,与难以相处的人共事的技术,坐了很长时间之后有助于缓解和释放压力的技术,应对高压情况的深呼吸和放松技术,以及任何与工作相关的技术。

此外,应该特别关注工作之前的准备时间和工作之后的解压时间。每天工作前后,花 15 分钟的时间应用你所选择的压力缓解技术,给自己建立缓冲保护。这样,你的业余生活就能与工作完全分离,你就不会觉得工作压力吞噬了生活中的一切。即使你在家里工作,也应该设置工作时间界限(甚至可以简单到"周五晚上完全不工作"),时间到了就"下班"。记住,重要的是找到平衡!

低水平的自尊:13. D,14. D

即使你能沉着应对工作压力,也有可能受到自尊的袭击。一句对体重或年龄的评价或许就能让你情绪失控。逛街时偶尔从玻璃窗中看到自己的糟糕形象或许也能让你一整天都没有自信。

自尊不仅仅是外貌问题。如果发现有人质疑你的能力,你会失去理智或觉得没有安全感吗? 你渴望从周围的人那里得到经常性的安慰、赞扬以及别的能够增强自尊的言行吗? 很多压力管理技术可以增强自尊。最重要的是,必须记住,自尊和身体一样,需要维护。关注自尊,关爱自己。不断提醒自己,你是多么特别,即使你并不这么认为。

不在乎自己或许能够帮助你忽略自尊问题,但是,却无法解决问题,也无法"修复"自尊。寻求自信和积极自我交流的源泉,保持良好的自我感觉。

自信训练有助于降低对别人无意评价的关注程度。你可以成为自己最好的朋友。这确实需要一些联系,但是,请相信我,没有人更适合这份工作。你有特殊的价值,必须认识自己的价值。你能够带来无穷无尽的神秘和新奇,你异常迷人,异常可爱。

你只有先赞赏自己,别人才会赞赏你。这虽然已是陈词滥调,却是至理名言。

一个人产生压力的根源,在于外界的刺激对这个人的自尊心产生了伤害,只是不同人对于自尊心的理解不同,所以他们对于外界影响产生的压力也不同。

## 第四部分:压力反应倾向分析

这个部分将分析你应对压力的倾向。在下列表格中圈出所选的答案,计算出每个纵列被圈的次数。

你选择最多的类型就是你的压力反应风格。每个类型的详细说明如下所示:

| 忽视 | 反应 | 攻击 | 控制 | |
|------|------|------|------|------|
| 16. | A | B | C | D |
| 17. | B | D | C | A |
| 18. | A | C | B | D |
| 19. | B | C | A | D |
| 20. | D | B | C | A |

忽视：如果你的大多数答案都属于忽视纵列，你就有忽视压力的倾向。有时忽视是绝妙的处理方法。有时却会进一步加重压力。有些问题在早期可以轻松解决，如果置之不理，只会变成越来越沉重的压力来源。注意自己的忽视倾向，这样才能有意识地运用这种策略。因为没有意识到而忽视压力是没有用的，本来应该承认和宣泄的情感也会就此掩埋。有效忽视压力的关键是学会充分认识压力的存在。然后，你就能决定什么时候忽视它们，什么时候控制它们。

反应：如果你的大多数答案都属于反应纵列，你就有对压力做出反应的倾向，而这些反应轻则无害，重则会使压力升级。每次压力失控的时候，你或许会把冰箱里的冰激凌洗劫一空，或许会变得抑郁、气愤、恼怒、焦虑、惊恐，或许会没完没了地担心，或许会吸烟、喝酒，或者借助别的药物忘记压力的存在。无论何种情况，这样的压力反应只会让你成为受害者，你觉得压力被自己控制，实际上却深陷压力的魔爪。不要成为压力的俘虏。面对压力，偶尔放纵一下自己也未尝不可，可以看成沉湎和自怜，甚至是关爱自己的一种方式，当然，这必须在一定范围之内。控制压力总是比不去控制它有效得多。

攻击：如果你的大多数答案都属于攻击纵列，说明你不仅能够处理压力，手段还很粗暴，而且发自内心地全力扼杀。你不想让压力损害自己的最佳状态，但是，在你的从容和健康背后，也隐藏着不足的危险。有时，你对控制压力的有效方法置之不理，而有时你却从各种角度、用各种方法将压力碾为尘土。当然，这可能是高效的应对方法。难以解决的工作问题、经营的失败甚至体重问题，都能通过快速、猛烈、直接的攻击方式得到妥善解决。这种能量可以有效缓解某些特定压力。对于别的压力，攻击方式可能就不怎么理想了。学习应对不同压力的各种压力管理技术，可以丰富你的处理方式清单。当然，清单的第一项应该是放松。

控制：如果你的大多数答案都属于控制纵列，说明你已经能够很好地处理生活中的压力。面对刺激因素，你会采取温和的处理方式，绝对不会走极端。行动之前，你会给自己充分的时间来分析压力状况，你也不会为自己无法控制的事情过分担心。当然，有些事情偶尔会让你难受，可是你知道,不是每个人做的每件事情都是针对你的。然而,能够有效控制压力不代表没有改进的余地。学习更多更好的压力管理方法能够让你对将来的应激物做好充分的准备,这些应激物在每个人的生活中都有可能出现。

# 魔力悄悄话

不同类型的人,因为对于自尊的理解不同,所以他们对于外界的影响会产生不同的反应,也就是产生的压力大笑不同。